景观规划与设计案例实践

田 勇 王润强 杨 潇 胡 旻 编著

U0333469

吉林大学出版社

·长春·

图书在版编目（CIP）数据

景观规划与设计案例实践 / 田勇等编著. -- 长春：
吉林大学出版社, 2020.9
ISBN 978-7-5692-7186-7

Ⅰ. ①景… Ⅱ. ①田… Ⅲ. ①景观规划－景观设计
Ⅳ. ①TU986.2

中国版本图书馆 CIP 数据核字(2020)第 187296 号

书　　名	景观规划与设计案例实践
	JINGGUANGUIHUAYUSHEJIANLISHIJIAN
作　　者	田勇等　编著
策划编辑	魏丹丹
责任编辑	魏丹丹
责任校对	单海霞
装帧设计	韩瑞瑞
出版发行	吉林大学出版社
社　　址	长春市人民大街 4059 号
邮政编码	130021
发行电话	0431-89580028/29/21
网　　址	http://www.jlup.com.cn
电子邮箱	jdcbs@jlu.edu.cn
印　　刷	北京京鲁数码快印有限责任公司
开　　本	787 毫米×1092 毫米　1/16
印　　张	11.25
字　　数	250 千字
版　　次	2021 年 7 月　第 1 版
印　　次	2021 年 7 月　第 1 次
书　　号	ISBN 978-7-5692-7186-7
定　　价	58.00 元

前　言

　　现在我国已步入城市快速发展时期，社会的快速进步与经济的快速发展，让人们越发开始重视城市建设中的景观规划与设计。在城市公共空间中，无论是办公区域、住宅区域或风景区域，由于社会对景观设计师能力的要求越来越高，在这些景观建设区域都投入了大量的人力、财力和物力。但我国景观规划设计行业与国外相较起步较晚，景观设计师水平参差不齐，近几年优秀的景观设计项目并不多，因此，对景观设计师的专业能力培养是非常重要的，并且也是一个长期的过程。

　　根据当今社会对景观设计师的需求，针对市场的现状，编写了应用性较强的此书。景观设计专业是一个跨学科的专业，具有很强的综合性，所涉及的学科有建筑、文化、历史、道路等多种学科知识，因此，景观专业的设计内容也是复杂多样的。对于现在有志于成为景观设计师的朋友们而言，如何将自己的设计想法呈现，以及怎样去进行景观设计并将设计方案如何完整呈现，是景观专业学习者最希望了解到的。而本书就是一本以实际案例来详细讲述多类景观项目的设计思路与过程的速成书籍。

　　鉴于诸多的景观设计类图书，讲解理论知识居多，实用又容易学以致用的书籍很少的情况，特编本书。景观设计爱好者、城市规划爱好者或者即将涉足城市规划、景观设计行业的人士，阅读本书都会觉得它的运用性很强。

　　景观设计是现代城市规划中重要的组成部分，优秀的景观设计能够美化生活环境，平衡生态环境，陶冶人的情操，展现历史文化底蕴，它需要景观设计师对景观的设计要素有综合运用的能力，有丰富的想象力和掌握各种设计规范的能力，本书中都包含这些知识点。

　　全书结构清晰明朗，策划周密准确，穿插着各种设计技巧，每个案例都很具有代表性和针对性，在案例中通过设计立意、设计思路、设计原则、设计方法等多方面来讲述案例的制作过程。本书的内容由浅入深、丰富精彩，力争涵盖全部的常用知识点。全书从实际培训出发，图文并茂、通俗易懂、实例典型、学用结合，具很强的针对性，是一本极具价值的实用书籍。本书既适合初学者，也适合已经涉足城市规划和景观设计领域的设计人员，更适合用于大中院校的培训教材。本书中运用了许多实用的技巧，可以为读者提供一条学习的捷径，减少学习中得弯路，希望可以让读者对景观设计保持热情。

    本书作者具有多年的景观设计方面的教学经验以及深厚的景观项目设计经验，将多年积累的具有实用价值的知识点、经验、设计技巧等毫无保留奉献给了广大读者。希望该书在对我国城市景观规划与设计的发展中发挥重要作用。

作　者

2020 年 6 月

目　　录

第一章 景观规划设计概论

第一节 规划

"规划"是经常使用的术语，规划行为广泛应用于生活、工作和学习中，其基本要素应该包括：（1）确定的目标；（2）统筹的实现目标的行动；（3）逻辑上的连贯性。

一、城市规划的含义

城市规划是城市管理者对于城市未来发展有意识的管理与干预过程。在我国城市规划被界定为"政府对未来一定时期内城市的经济发展、土地规划、空间布局以及各项建设的综合布局、具体安排"。

二、城市规划的基本内容

城市规划是一定时期内城市发展的蓝图，也是城市管理的重要组成部分。

城市规划的内容：（1）既是收集和调查基础资料，也是研究满足城市发展目标的条件和措施；（2）研究城市发展战略，预测发展规模，拟定城市分期建设的技术经济指标；（3）确定城市功能的空间布局，合理规划城市的各项用地，并考虑城市空间的长远发展方向；（4）提出区域城镇规划体系，确定区域性基础设施的规划原则；（5）拟定新区开发和旧城区利用、改造的原则、步骤和方法；（6）确定城市各项市政设施和工程设施的原则和技术方案；（7）拟定城市建设艺术布局的原则和要求；（8）根据城市基本建设的计划，安排城市各项重要的短期建设项目，为各项工程设计提供依据；（9）根据建设的需要，提出实施规划的措施和步骤。

城市规划的具体内容可划分为实体物质层次和虚拟空间层次，既包括国土规划、区域规划和城市群体规划等不同的物质空间，也包括部分非物质空间的规划。

三、城市规划的层次

各规划层次之间是相对的、独立的，有属于自身的规划系统。但又存在着紧密、相互承接的关系，这体现在"自上而下"的遵从和依据的提供，以及"自下而上"的反馈并提出修正方法。

（一）区域规划

区域规划是为实现一定地区范围的开发和建设目标而进行的总体部署，为城市规划提供有关城市发展方向和空间布局的重要依据。广义的区域规划指对地区社会经济发展和建设进行总体部署，其中包括区际规划和区内规划，前者主要解决区域之间的发展不平衡或区际分工协作问题，后者是对一定区域内的社会经济发展和建设布局进行全面规划，一些地方可以分成片区规划。狭义的区域规划则主要指在一定区域内与国土开发整治有关的建设布局总体规划。

（二）城市总体规划

城市总体规划是指政府依据国民经济和社会发展规划以及当地的自然环境、资源条件、历史情况、现状特点，统筹兼顾、综合部署，为确定城市的规模和发展方向，实现城市的经济和社会发展目标，合理利用城市土地，协调城市空间布局等所作的一定期限内的综合部署和具体安排。城市总体规划既是城市规划编制工作的第一阶段，也是城市建设和管理的依据。

根据国家对城市发展和建设方针、经济技术政策、国民经济和社会发展的长远规划，在区域规划和合理组织区域城镇体系的基础上，按城市自身建设条件和现状特点，合理制定城市经济和社会发展目标，确定城市的发展性质、规模和建设标准，安排城市用地的功能分区和各项建设的总体布局，布置城市道路和交通运输系统，选定规划定额指标，制订规划实施步骤和措施。最终使城市工作、居住、交通和旅游四大功能活动相互协调发展。总体规划期限一般为20年，建设规划一般为5年，建设规划是总体规划的组成部分，是实施总体规划的阶段性规划。

（三）详细规划

详细规划是以城市总体规划或分区规划为依据，对一定时期内城市局部地区的土地使用、空间环境和各项建设用地所做的具体安排。可见，其主要针对的是城市中的某一地区、街道等更为具体的范围，从土地使用、公共建筑、道路系统、绿化面积、活动空间以及基础设施等方面做出统一安排，并提出保障措施。详细规划的内容通常根据城市总体规划等上位规划的要求做出具体的规划设计。详细规划按照不同的规划思想和规划内容要求一般可分为：控制性详细规划和修建性详细规划两类。控制性详细规划主要是对规划范围内的土地使用进行详细的用途设定和容量控制，作为规划地区发展建设管理的主要依据。修建性详细规划主要是以一定范围内的具体建设项目做为选择目标，如设计和建筑物的使用功能、构筑外观、体量比重及其他城市基础设施规划。

四、城市规划的组成要素

从城市规划的不同领域层次和虚拟空间层次上综合考虑，其组成要素包括四个方面：土地使用、道路支通、绿化面积和开敞空间、基础设施。

（一）土地使用规划

土地是人们赖以生存的基础，同时也是作为城市发展的基本资源和载体，这既是作为构成城市规划的一个基本方面，也是城市规划中最为重要的内容。土地利用从各个城市功能着手，合理安排不同类别的土地在城市中所占的比例、布局以及相互关系。同时，将土地使用规划与所在国家地区的政治制度和经济体制进行了紧密的连接。

（二）道路交通规划

为了构建城市内部交通和城市外部交通的连接，将城市看作一个有机的生命体，道路交通系统就像是人体流通的血液。城市正常运转必须要有完善的道路系统和合理的交通组织，同时城市的发展必须与外界连接，保证人流、物流与外部的交流。

道路交通规划包含道路规划与交通规划。道路规划是依据得到道路信息进行的分析、预测和计划，满足其要求，做出统筹安排；交通规划的重点在于对人流、物流的分析、预测和计划。

（三）公园绿地与开敞空间规划

人是城市的主体存在要素，以人居环境作为参考，其间接或直接地影响着城市的发展。一方面需要减少城市发展对生态系统平衡的破坏，将损害降到最低，另一方面加强人工环境的建造，提高绿化覆盖率。

绿地系统不仅包括城市公园的公共绿地，还包括专属类型绿地，如小区绿地、校园绿地、交通带绿地等。开敞的户外空间除了传统意义上的广场之外，同样也包括了许多附属空间。城市中的绿地及开敞空间好比一个支柱，是城市规划中的重要部分，将支撑城市背景衬托出建筑物。

（四）城市基础设施规划

电力、电信、给水、排水、燃气、供热等相关城市基础设施是支撑城市活动的重要系统，这些在生活中并不会具体的表现出来，但却是人们日常生活中不可或缺的要素。

第二节　景观设计

城市规划与景观设计之间的联系十分紧密，城市规划为景观设计创造基础条件，而景观设计不仅能丰富城市规划，而且能提升城市规划的品质，两者相互影响、相互渗透。随着时代的发展，景观意识在人们心中变得日益重要，这种意识上的变化使得景观设计在城市规划体系中的位置有了明显的提升，城市规划的主要目的是为了建设一个良好的景观环境。本书所讲述的景观设计内容是深入具体规划细节中的设计，属于城市规划的范畴。

一、景观设计概念

景观是由土地及土地上的空间和物体构成的结合体，它是复杂的自然过程和人类活动在大地上的印记，可被理解和表现为风景、栖居地、生态系统、符号。

风景：视觉所见美好的事物（见图1.1）。

图 1.1　风景

图片来源：yongzhou. house. qq. com

图 1.2　栖居地

图片来源：www. juimg. com

栖居地：人类和其他生物的生活空间（见图1.2）。

生态系统：指在自然界的一定的空间内，生物与环境构成的统一整体，在这个统一整体中，生物与环境之间相互影响、相互制约，并在一定时期内处于相对稳定的动态平衡状态。

符号：一种记录人类过去、表达希望与理想、认同和寄托的语言和精神空间。

景观设计是指在规划设计和建筑设计的过程中，对外部自然要素和人为要素的总体规划与设计，使得建筑（群）和自然环境要素产生呼应关系。本书中的景观设计内容主要是对各个地区的未来发展空间面貌进行具体的表现设计，制定详细切实的景观建设措施，达到一定要求的景观设计目标（见图1.3～1.5）。

图 1.3　城市景观 1

图片来源：www. ncwbkhnk. icu

图 1.4　城市景观 2

图片来源：www. nipic. com

图 1.5　城市景观 3
来源：www. yiihuu. com

二、景观设计与其他学科的联系

（一）景观设计与建筑学

首先，景观设计和建筑学有统一的目标，都是为了建立一个良好的人类居住环境。其次，二者都是为了处理人类与环境的关系，并落实到具有空间分布和时间变化的人类聚居环境中。

建筑学设计不仅是处理空间，而且更注重使用要求、建筑个性，侧重于空间组合与聚居空间的营造，专业分工大部分都是在人为设计（见图 1.6～1.7）。而景观设计是景观资源与环境的综合利用和再创造，主要是聚居领域的土地、空气、水资源、动植物的开发利用，通过感受意、情、物的创造去刻画美的景观和生态的景观（见图 1.8～1.9）

图 1.6　摩天大楼
图片来源：www. quanjing. com

图 1.7　城堡
图片来源：www. hn-jr. com

图1.8 意境景观1　　　　　　　　　图1.9 意境景观2
图片来源：huaban.com　　　　　　　图片来源：huaban.com

建筑强调的是精神文化，但是建筑更偏重于实用功能，而景观则需要解决人类精神享受的问题。建筑和景观各有侧重和分工，也有叠合。

（二）景观设计与植物学

植物是景观设计中不能缺少的，生态环境中的主要物体也是植物，植物不仅可以美化环境，还可以使生态环境保持平衡的状态。植物绿化对人类、对社会、对历史都非常有益，是生态循环的重要手段。景观设计要注重环境效益，如加强绿化，以植物造园为主已经成为景观设计的必然趋势。因此，根据自然气候与地域特点及设计要求，科学地选择不同绿地类型中的园林植物，可以达到保护环境、美化环境的目标。因此，植物学与景观设计是不可分割的（见图1.10～1.12）。

图1.10 植物景观1　　　　　　　　图1.11 植物景观2
图片来源：huaban.com　　　　　　图片来源：kuaibao.qq.com

景观设计师需要掌握园林植物的自然习性、生长发育规律和适合景观观赏的树种分类方法、归纳特征、地理分布、繁育方法、应用技术等，为景观设计打下良好的基础。

图1.12 植物景观3
图片来源：huaban.com

（三）景观设计与行为心理学

行为心理学是20世纪源自美国的一个心理学流派，是由美国的心理学家华生创立。在景观设计中行为心理学的应用是研究人的行为心理和景观设计所营造的环境空间之间相互作用、相互影响的关系。

　　景观设计应该从大众的心理角度进行分析，大众希望设计出来的作品是为他们服务的，这些作品既经济、美观、实用，又能够满足他们的审美眼光以及心理需求。景观设计除了必须考虑自然生态平衡的问题之外，还要推敲景观使用者的心理需求及物质文化需求，因为受不同地域、不同文化背景、不同生活经历、不同经济基础的影响，他们对景观会产生不同的心理感受。景观设计师所设计的方案不可能满足每一个人的需求，但是如果设计出来的景观能做到让大多数人感到满意，这样的景观便可以算作一个成功的作品。

　　景观中的道路、绿地、景观小品等设计都应该根据人的行为心理学来设计，合理地进行规划布局，其中老年人、幼儿、残疾人的心理分析研究更是必不可少。现在，景观设计的审美意识已经从单纯的形式美转换到以人为本的人性心理空间营造，强调人与环境的互动体验，这就督促景观设计师应更多地去研究行为心理学，以满足人类对生态环境和心理环境的需求（见图1.13～1.14）。

图 1.13　盲道

图片来源：detail.1688.com

图 1.14　无障碍通道

图片来源：www.jianshu.com

三、景观设计要素

　　在景观设计中，景观要素主要包含两点：景观设计素材和基本知识。景观要素在不同的景观构成中表现各自的景观内涵，并且对景观要素的认知学习是设计优秀景观项目的关键。

（一）气候

　　景观设计的重点在于创造可以满足人们需求的美好空间环境，所以气候就属于其考虑的首要因素。因为不管是为特定的活动选择适当的区域还是在特定的区域内选择适当的场地，都应将当地的气候要素考虑进去。

　　气候显著的特征是具有相对稳定性，但又会发生变化。这些特征会随着经纬度、季节、海拔、温度、日照强度等要素的变化而改变。气候变化对景观设计的影响非常显著，在做设计之

前一定要清楚地了解当地气候状况，综合考虑所有的自然因素后对其生态系统进行分析。（见图 1.15～1.18）

图 1.15　非洲草原

图片来源：www. photophoto. cn

图 1.16　云贵高原

图片来源：www. xpowerdance. com

图 1.17　南极冰川

图片来源：www. photophoto. cn

图 1.18　沙漠绿洲

图片来源：baijiahao. baidu. com

气候要素还影响着人们的生活方式和精神状态，这对景观设计提出了更高的要求。不同区域的居民在饮食、习俗、娱乐等多方面都有着不同的特点，在做任何地域的景观设计时都要对这些地方进行详细的调查研究（见图 1.19～1.21）。

图 1.19　威尼斯人的出行方式

图片来源：mt. sohu. com

图 1.20　印第安人的住所

图片来源：www. meipian. cn

我国的气候带分为五类：热带季风气候、亚热带季风气候、温带季风气候、温带大陆性气候、高原山地气候。虽然不能准确定义气候带的界限，但是每种气候带都有自己的显著特征，对城市规划和景观设计有着至关重要的影响。

图 1.21　那达慕大会
图片来源：pconline.com.cn

任何一个地域内的景观设计都是对气候的反映和人对其适应的表现，在设计的时候规划组织和建筑形式应该考虑冷、热、风向、年降雨、年降雪、灌溉等方面的因素，要通过合理的场地选择、布局规划、建筑朝向来创造与气候相适应的空间以减少酷热、寒冷、潮湿、降雨、降雪、风等恶劣气候对生活的影响。

（二）竖向设计

竖向设计也称为竖向规划，是景观规划设计中重要的组成部分，它与规划总平面、场地景观空间处理等有密切联系。

1. 竖向设计的内容

竖向设计的内容包括高程系统、等高线和坡度、地形设计、植物种植在高程上的要求、排水设计以及园路、广场和其他辅助场地的设计（见图 1.22～1.24）。

图 1.22　竖向设计——坡地
图片来源：huaban.com

图 1.23　竖向设计——园路
图片来源：www.duitang.com

（1）高程系统

高程指的是某点沿铅垂线方向到绝对基面的垂直距离，又被称为绝对高程。某点沿铅垂线方向到某假定水准基面的距离，称为假定高程。

高程是确定点空间位置的一个重要因素。高程测量的一般方法有水准测量和三角高程测量，其中水准测量是精确测定高程的主要方法，该方法使用水准仪来测定地面点间的高差，由此推算得出待测点的高程。

（2）等高线和坡度

等高线是地形图上高程相等的相邻各点所连成的闭合曲线。等高线是把地面上海拔高度相同的点连成的闭合曲线垂直投影到一个标准面上，并按比例缩小画在图纸上得出的，在等高线上标注的数字为该等高线的海拔高度（见图1.25）。

图 1.24　竖向设计——下沉广场

图片来源：house. sosd. com. cn

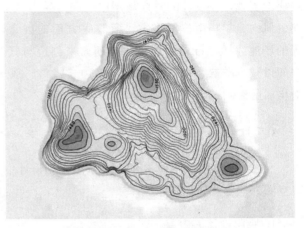

图 1.25　等高线地形图

图片来源：m. sohu. com

同一等高线上的点海拔高度相同，并且在同一幅图内，除了悬崖之外，不同高程的等高线是不能相交的，图中相邻等高线的高差一般是相同的，等高线都是连续的闭合曲线，不重叠，也不能在图纸上直穿横过河谷、堤岸、道路（见图1.26）。

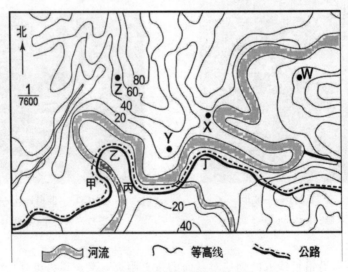

图 1.26　等高线不能穿越山谷

百度来源：www. shangxueba. com

一般在景观设计中的平坦场地要求较高的情况下，常用相对标高法表示。这个方法是根据地形图上所指的地面高程，确定道路控制点（起止点、交叉点）与变坡点的设计标高和建筑室内外地坪的设计标高，以及场地内地形控制点的标高，将其标注在图上。设计道路的坡度及坡向，反映为以地面排水符号（即箭头）表示不同地段、不同坡面的排水方向。

国际地理学会地貌调查和野外制图专业委员会将坡度分为 7 级：0°～2°平原至微倾坡，2°～5°缓倾斜坡，5°～15°斜坡，15°～25°陡坡，25°～35°急坡，35°～55°急陡坡，>55°垂直坡。

（3）地形设计

从地理学角度来看，地貌可分为自然地貌和人工地貌。自然地貌是指地球表面高低不同的起伏地形，如平原、盆地、丘陵、高山、河谷等的总称（见图 1.27～1.31）。而景观设计中的地形就属于人工地貌，是景观中最基本的场地和基础，设计师需要灵活运用设计手法对地形进行功能形态处理，使其与场地景观空间形态相融合，与其他景观要素功能相协调，达到整个景观系统科学合理并具有形式美感。地形直接影响和束缚着景观设计，对地形地貌特征的改变或者保留属于设计师在景观设计中最基本的技能。

图 1.27　平原

图片来源：www. photophoto. cn

图 1.28　盆地

图片来源：qq. 100bt. com

图 1.29　丘陵

图片来源：m. kukudesk. com

图 1.30　高山

图片来源：www. jituwang. com

①地形的分类

地形按照规模以及形式的不同，可分为大地形、小地形和微地形三种。

大地形是指就国土范围来讲，复杂多变的地形包括高原、平原、丘陵、山地、盆地五种地貌形态。小地形是指地理范围相对较小的地貌形态。微地形则是相对概念，是指在景观设计过程中依照自然地貌采用人工模拟大地形的形态及其起伏错落的韵律而设计出的面积较小的地形，地面高低起伏但幅度不大。微地形这一概念一般作为景观设计的专业用语。

景观设计中微地形的主要形式有平地、坡地、凸地形等。

平地：缺少起伏感，无焦点，景观趣味少，看起来比较单调，但是平地受到的规划限制小（见图 1.32）。

坡地：具有动态的景观特性，为景观增添了情趣，同时可以利用坡度创造出很多动态水景观（见图 1.33）。

凸地形：视野开阔，具有延伸性，空间成发散状。凸地形不仅是良好的观景处，而且因为地形高处的景观比较明显突出，是非常好的造景处（见图 1.34）。

图 1.31　河谷

图片来源：lockbur.com

图 1.32　平地

图片来源：cz.newhouse.fang.com

图 1.33　坡地

图片来源：www.sohu.com

图 1.34　凸起地

图片来源：bbs.fengniao.com

②地形对景观设计的影响

a. 从宏观方面讲，地形影响着景观区域的微气候。

b. 从设计方面讲，景观地形处理关系到功能布局、平面布置形式和空间形态。

③地形对景观设计的作用

a. 地形可以划分和组织空间，构成整个场地的空间骨架，组织、控制、引导人流和视线，使空间感受丰富多变，形成优美的景观效果。良好的地形处理使得景观轴线、功能分区、交通路线有效地结合。

b. 地形可以提供丰富的种植空间，根据植物种植的条件，提供包括干地、湿地、水体在内的阴面、阳面、缓坡等多样性空间，为不同生态习性的植物提供生存空间，同时将种植与地形结合设计使景观形式更加多样且层次丰富。

c. 利用地形变化可以创建活动和娱乐项目（例如过山车、蹦极等），丰富空间功能，并给建筑提供所需的各种地形条件（见图 1.35～1.37）。

d. 地形与水体设计相结合，可以利用地形营造多种水体景观，并且可以利用地形自然排水，为场地排水组织设计创造基础条件（见图 1.38）。

图 1.35　缆车

图片来源：www. sohu. com

图 1.36　过山车

图片来源：m. deskcity. org

图 1.37　蹦极

图片来源：it. da-quan. net

图 1.38　地形变化产生的水潭

图片来源：www. jituwang. com

e. 地形既可以作为景物的背景来衬托主景，也可以作为主景（例如起伏的坡地、层峦叠嶂的山地等等），能起到增加景观深度、丰富景观层次的作用（见图 1.39～1.40）。

图 1.39　作为主景的山脉

图片来源：shandong. sdchina. com

图 1.40　作为背景的山脉

图片来源：graph. baidu. com

④地形设计原则

首先要尽量遵循整体考虑、扬长避短、因地制宜、顺应自然、适度改造的原则。设计师应该充分考虑地块的原始地貌，在设计的过程中尽量保持场地的地形感，体现出当地的风土人情和自然地貌；也可以自己模拟当地的特色地形，对场地进行适当的艺术处理，从而营造出丰富的景观视觉效果。比如大面积的平地可以做些小的起伏草地，小面积的场地可以设计成坡地相对较大的微地形，打破闭塞的感觉，丰富地形层次（见图1.41）。

图 1.41　地形变化的人工景观

图片来源：huaban.com

地形塑造上要注意尽量就低挖地、就高堆山，填挖结合，达到土方平衡，不搞重复建设。

（4）园路、广场和其他辅助场地的设计

①一般景观中的园路纵坡不应超过8%，横坡宜小于3%，当园路坡度超过8%时，行人行走会觉得吃力，这种情况下可以设置台阶，但台阶阶数不宜连续使用过多，如地形条件允许，每一二十级设一处衔接平台，作为游人休息、观赏的场地。设计时为了行人行走安全尽量避免设置单级台阶，同时也要考虑残疾人的需求，在台阶处适当地设置无障碍通道。

②广场设计坡度一般来说，平原地区不应大于1%，最小为0.3%；丘陵和山区不应大于3%。地形条件困难时，可建成阶梯式广场。

③停车场的最小坡度为0.3%，平行通道方向纵坡应该不大于1%，横坡不大于3%。

④与广场相连接的道路纵向坡度以0.5%～2%为宜，条件困难时最大纵坡不应大于7%，而在积雪及寒冷地区不应大于6%，在出入口处应设置纵坡度不大于2%的缓坡段。与停车场相连接的道路坡度以0.5%～2%为宜，条件困难时最大纵坡度不应大于7%。

（5）植物种植在高程上的要求

在景观设计中种植植物对高程要求不严格，但是也有一些需要注意的地方。比如有些植物对地下水比较敏感，要注意种植深度与地下水的关系；要考虑不同种类的水生植物对水深的要求，像荷花适宜种植在水深0.6～1米的水中；有些山地上种植的植物就需要考虑防风护坡的要求。

（6）排水设计

常见的排水措施有场地排水和设施排水，排水设施有雨水口和排水沟等。

场地排水系统坡度最小为 0.2%，但一般情况下只考虑最小排水坡度会出现积水、排水不畅等现象，故正常情况下实际要做到 1%～2%。排水沟要根据排水流量来计算确定，明沟最小排水坡度还是 0.2%，暗沟最小排水坡度 0.4%。排水沟的纵向坡度不宜小于 0.3%，起点深度不应小于 0.2 米，梯形断面的沟底宽度不应小于 0.3 米，矩形断面的沟底宽度不应小于 0.4 米。一般情况下排水沟坡度做到 3% 最佳，若条件允许，排水沟坡度可做到 4%～5%。一个雨水口汇水面积大约在 2 500～5 000 平方米，道路雨水口的间距依据不同纵坡的规定进行设计，比如道路纵坡 0.3%～0.4% 时雨水口间距 30～40 米。

在景观中常出现双向坡排水坡度，主坡是指汇水面积大或者主导排水的排水坡，副坡是指与主坡垂直或者成一定角度的排水坡。主坡坡度一般在 2%～3%，副坡坡度一般在 0.5%～1%，如果相近或者一致就没有主副坡之分。主坡排向副坡，副坡排向雨水口。主坡要求迅速将大面积的雨水排到副坡处，只要坡面畅通且坡度足够就能迅速将雨水排走；副坡则近似边沟的作用，其坡度可适当减小。

2. 竖向设计的一般方法

竖向设计的表示方法主要有标高法、等高线法和局部剖面法三种。下面重点介绍一下局部剖面法。该方法可以很好地反映重点地段的地形情况，如地形的高度、材料的结构、坡度、相对尺寸等，用此方法表示场地总体布局时，台阶分布、标高设计及支挡构筑物布置情况最为直接。对于复杂的地形，则必须采用此方法表达设计内容（见图 1.42）。

邛海　滨海步道　草坪　　　　种植区　车道 酒店广场行人道　　　跌水景观　　　石材台阶凉亭广场

图 1.42　剖面图示意

来源：作者自制

竖向设计往往需要反复调整，尤其是地形复杂的场地，其测量的地形往往和实际地形出入比较大，这就需要设计师在设计之前认真核对，在施工中根据实际情况进行修改的情况也比较常见。

（三）道路

道路是城市交通的重要组成部分，联系着城市的各个功能区域。道路的第一功能是交通，让人们能够方便、准确、及时地通过道路到达目的地或者目标区域。道路还是城市开放空间的一部分，不仅仅集中了大量的公共设施，还为行人提供了休息、散步、观光的场所，在灾难来临时还具有临时避难的功能（见图1.43～1.46）。

图1.43　道路景观1
图片来源：huaban.com

图1.44　道路景观2
图片来源：www.pankebao.com

图1.45　道路景观3
图片来源：www.lemeitu.com

图1.46　道路景观4
图片来源：hk.best-wallpaper.net

1. 道路的分类及设计规范

按照道路在城市道路系统的地位、交通功能以及其对沿线建筑物的服务功能等，城市道路大概可分为以下四类。

（1）快速路

广义的快速路包括公路、铁路、水路等交通领域的快速道。狭义的快速路简称快速公路，常涉及城际快速路和城市快速路，后者是城市中以大距离交通道路为较高车速服务的重要道路，主要联系市区各主要地区、主要近郊区、卫星城镇、主要对外公路等（见图1.47）。

（2）主干路

主干路是城市道路网络的骨架，是连接城市各主要分区的交通干道，是城市内部的主要大动脉。在城市道路的级别里，主干路高于次干路，而低于快速路（快速公路）和专称的"快捷路"。主干路两侧不应布置吸引大量车流、人流的公共建筑物进出口（见图1.48）。

图 1.47　快速路

图片来源：www.photophoto.cn

图 1.48　主干道

图片来源：www.zuowenzhai.com

（3）次干路

次干路是城市中数量较多的一般交通道路，配合主干路构成了城市干道网，并能联系各部分和集散交通，且兼有服务的功能（见图 1.49）。

图 1.49　次干路

图片来源：www.juimg.com

图 1.50　支路

图片来源：graph.baidu.com

（4）支路

支路应为次干路与街坊路的连接线，解决局部地区交通，以服务功能为主。除快速路外，每类道路按照所占城市的规模、设计交通量、地形等分为 I、II、III 级。大城市应采用各类道路中的 I 级标准；中等城市应采用 II 级标准；小城市应采用 III 级标准。有特殊情况需变更道路级别时，必须做技术的经济论证，并报规划审批部门批准（见图 1.50）。

景观设计中的道路分类还可以进一步细化，例如：住宅区内的居住区道路和宅间小路，还有公园里面的园路等。

图 1.51　道路景观的对景 1　　　　　　　　图 1.52　道路景观的对景 2
图片来源：www.autoshype.com　　　　　　图片来源：www.photophoto.cn

2. 道路景观设计的内容

道路具有明确的导向性，其两侧的景观布置应该符合导向要求，达到移步换景的视觉效果。通过道路两侧绿化种植等方式的设计，可以让道路变为重要的景观长廊，所以在道路景观规划设计中一定要增加道路对景和远景的设计，强化视线集中的效果（见图 1.51～1.52）。

道路按其主要特性可分为四类：街景型线路、流线型线路、山道型线路、乡村型线路。

街景型线路要根据行人的步行要求并限制车辆的数量和速度，该类型的景观设计强调人的主体性，以人的需求为主。人行道与车行道分开，车行道狭窄甚至没有，人行道宽阔开敞。道路两侧景观以人的娱乐、散步、休息为主，达到一种趣味性足、富有变化的人行空间（见图 1.53）。

图 1.53　街景型线路
图片来源：www.jituwang.com

流线型线路是指车辆高速行驶在沿线景观中的线路。在具体设计中要强调道路的空间线形流畅优雅，使驾驶员和乘客赏心悦目并且能给他们一个兴奋与愉快的感观。另外还需要强调流线型道路景观的整体性，不能将道路与周边的绿化、设施分开看，否则容易将道路从这个大景观中割裂出来。要求设计的时候内外景观、动静景观尽可能地统一、完美（见图 1.54）。

山道型线路是指布置于山上、峡谷等区域内的林区公路或者风景区道路。这类路线中，道路的改变较小，依据天然地形规划道路，路线中时常改变方向和高程。道路的走向有利于观赏者从不同角度去欣赏自然风景。在山道型线路景观设计中，人

图 1.54　流线型线路
图片来源：www.sohu.com

工布景或人工绿化的成分几乎可以忽略不计（见图 1.55）。

　　乡村型线路是指规划在城郊或者乡镇间的次级道路。该类设计应结合当地的地形变化和田野风景资源，让田野中的景色充分地展现在驾驶员或者乘客眼中。在设计中要根据田地形状、田野风光、乡村特色建筑等来规划线路（见图 1.56）。

图 1.55　山道型线路　　　　　　　　　　　图 1.56　乡村型线路
图片来源：www.juimg.com　　　　　　　　图片来源：new.qq.com

3. 道路景观设计分类

道路景观一般可分为内部道路景观和外部道路景观两种。

内部道路景观规划包括道路空间的线形设计、道路线形与视觉诱导分析、道路线形与地形的融合、道路线形与沿线环境协调性分析等多方面内容。线形设计是内部道路景观设计的主体，是道路景观设计成败的关键。沿线绿化设计、道路边坡处理、沿线景点的营造与分布等对内部景观影响也非常大。

外部道路景观重点在于道路的整体印象。道路是一种人工设施，会对原有的环境造成改变甚至冲突，设计师要通过设计来缓和这种关系，从沿线建筑或者相邻道路上分析道路与环境的统一性，设计出让道路与环境协调一致的措施，让道路融入到周围环境中。

道路景观还可分为线形景观和景点景观。道路线形以及沿线不断变化的护坡及植被等被称为道路线形景观。道路景点景观是指在景致优美处设置的独立景点、休息设施或者造型独特的桥梁等（见图 1.57～1.58）。

图 1.57　道路线形景观　　　　　　　　　图 1.58 道路景点景观——涵洞
图片来源：www.photophoto.cn　　　　　　图片来源：sucai.redocn.com

4. 道路景观设计要求

（1）道路沿线景观设计不仅要有整体性、连续性且要有节奏感

道路景观中色彩的明暗对比、空间的宽窄对比、地形的起伏与平坦对比，这些都会让驾驶员和乘客在行驶中感受到道路景观的节奏感。设计师应该有意识地去设计道路沿线景观的变化，来增加驾驶员的兴奋感，减少交通事故的发生。虽然强调节奏感与变化，但是这并不是说沿途的景物都是独立的，而是应该将沿途景观的整体性和连续性作为设计的主要目标。就像绘画一样，首先强调的是总体，然后才是局部与细节的处理。道路的组成部分很多，但是这些构造物组成的是一个整体的景观，各组成部分应该有机统一与融合（见图1.59～1.60）。

（2）道路景观应该强调道路行车的安全性

安全性是道路景观设计的基础和前提，设计时要消除行车过程中道路对驾驶员和乘客造成的心理上的压抑感、恐惧感、紧迫感。比如说弯道的外侧可以起坡种树，减轻拐弯时离心力带来的紧张心理（见图1.61）。

图1.59　道路起伏变化
图片来源：www.photophoto.cn

图1.60　道路线形变化
图片来源：m.sohu.com

桥梁的下部支撑简洁明确，可以增强行车时驾驶员的安全感。

（3）道路景观应该重视道路与沿线的色彩和质感

色彩和质感是物体的审美属性之一，道路与沿线建筑、绿化之间的色彩搭配以及材质表现都会明显影响道路景观的效果。所以合理的色彩搭配能给人清新活泼、简洁明了的感受，沉重枯燥的色彩搭配和材质运用只会增添行车的疲劳，让人觉得压抑沉闷（见图1.62～1.63）。

图1.61　道路拐弯处植物
图片来源：www.guchengnews.com

图 1.62　道路景观色彩 1

图片来源：huaban.com

图 1.63　道路景观色彩 2

来源：huaban.com

（四）水体

水作为景观艺术中最富魅力的元素之一，是人类与自然联系的纽带，中国园林素有"有山皆是园，无水不成景"的说法，由此可见水景在景观设计中的重要性。水在中国人眼中一直都是灵性的象征，儒家朴素的生态思想和讲究"藏风得水"的风水理论使得古人非常注重水景的营造，"无园不水""一池三山""清泉石上流""山光水色与人亲"等词语诗句都表达了古人对水的热爱（见图 1.64～1.65）。

图 1.64　苏州留园

图片来源：www.win4000.com

图 1.65　扬州个园

图片来源：news.yxad.com

为了满足人们赏水、亲水的景观体验，在现代景观设计中都在加大水体、水景所占比重，出现了大批亲水建筑物和喷泉广场等景观形式。水的存在使得景观有了灵气，使人类与环境更加贴近。

1. 水体的用途

（1）水体景观：如河流、湖泊、池塘等都是以水为构成要素，形成充满诗情画意的景观。

而冰雕等也是水的另一种景观表现形式（见图1.66～1.68）。

（2）生产生活用水：人类的生存离不开水，生产生活也离不开水，从饮用水到洗菜、洗衣、喷淋、灌溉到处都离不开水。（见图1.69）

（3）提供体育娱乐场所：奥运会中很多项目都跟水有关系，比如赛艇、帆船、游泳、跳水等，公园游乐场的休闲娱乐活动也有很多是以水为载体的，像漂流、碰碰船等。

（4）为水生动物、水生植物提供生长基础，创造多样化的生态环境，景观中水里面栽植的荷花、睡莲、芦苇等都是典型的例子（见图1.70）。

（5）交通运输：较大型的水面都可以当作交通运输的途径，古时的大运河是人工开凿的水运奇迹；现在的海运、河运都是交通运输的重要组成部分。

（6）防护、隔离、防灾：古代城池外面的护城河的作用就是用来隔离外敌入侵，保护居民；抗旱、救火都是防灾用水的重要表现（见图1.71）。

水的用处十分广泛，以上仅仅是其中一部分，除了生活用水之外，水体最普遍的作用还是景观作用。

图1.66　河流

图片来源：www.jituwang.com

图1.67　湖泊

图片来源：www.jituwang.com

图1.68　溪流

图片来源：http://news.yxad.com

图1.69　灌溉用水

图片来源：www.tongjiewaters.com

图 1.70　水生植物生长的池塘

图片来源：graph. baidu. com

图 1.71　护城河

图片来源：graph. baidu. com

2. 水体景观设计的三大要素以及常见种类

（1）形、声、色是水体景观设计的三大要素

形是指水体的形式和形态。自然界中的水体表现形式主要有江、河、湖泊、海、溪、瀑布、泉、沟、水库、潭、港、湾、浦、沼泽、潮汐、波涛等，而在景观设计中水的形态主要分为静态和动态两种。水体的形是水景设计中最重要的元素，要从大自然中获取灵感，以自然为师，将其融入自己的设计思想里面，才会将水景设计得更加有意境。

声是指各种流动的水体发出来的声音，比如瀑布的轰鸣声、泉水的喷涌声、小溪的流水声等多种各具特色的声音。在景观中流动水形成的水声能够引起人的好奇心和探索欲，增添水景的活力，在设计时可以利用这个特点，将景观布置得富有变化，让人流连忘返。

色也是水的质感的体现，不同区域、质感的水的颜色是不一样的。清澈的小溪、碧绿的湖水、湛蓝的大海都是因为水中所含的物质不同、所处的地域不同、环境不同才在颜色上有了区分。除了水本身的颜色之外。水的反射特性也能在视觉上改变水体的色泽，比如茂密的森林中环绕的湖泊，反射的是森林的颜色，那么它本身的颜色也变成了森林的颜色；在城市广场中的水池，反射的是周围的建筑物，那么它的颜色也就变为周围环境的颜色。设计师需要在构思方案时考虑水体的颜色与反射特性，将水体周围环境融合进去（见图 1.72～1.74）。

图 1.72　蔚蓝的海洋

图片来源：www. auslane. cc

图 1.73　碧绿的湖泊
图片来源：www.photophoto.cn

图 1.74　色彩丰富的湖水倒影
图片来源：www.juimg.com

（2）水景观设计的种类

①静水

说起景观中的静水，大家马上能联想到池塘、湖泊。这些水景中的水面光滑平静，与周围地面上的景物有着强烈的对比。水景周围的景物如同众星捧月一般将水体突出，静水营造了一种静谧、幽雅的气氛，是人们思考、独处、静坐的良好场所。

在静水的设计中，水池形态有着非常重要的影响，主要分两类：规则式和自然式。规则形水池整齐匀称，严肃大气，但是相对于不规则形水池则稍显僵硬沉闷，所以在设计时为了缓和这个感觉，往往需要使用植物和景观小品来搭配柔化。自然式水池以不规则的线形和植物搭配为特点，与周围环境能够很好的融合，相对于规则形水池来说更贴近自然。池中可以设计景观石，岸边可以设计驳石堆砌，高低错落有致，还可以将水生植物种植在水池的边缘，模糊水体本来的形态，设置浅水区，使其与陆地的界限没有那么明显，我国园林的水池形态基本都是不规则的水池（见图 1.75～1.76）。

图 1.75　规则水池
图片来源：www.juimg.com

图 1.76　不规则水池
图片来源：www.csrfzj.com

静水中还有游泳池这种表现形式，其主要功能是健身和娱乐。设计游泳池时可以在材料选择上多加研究，池壁、池底都可以通过铺装来达到美观的效果。

②动水

景观设计中的动水一般是指瀑布、喷泉、溪流等流动的水体。

瀑布是水景中最有魅力的景观，落水的形状和瀑布垒石的造型都是人们欣赏的焦点。自然瀑布利用水对岩石的冲击形成各式各样的形态，有扇形、羽毛状等。瀑布给人带来的心理感受与气度有密切的关系，大的瀑布雄伟壮观、气势磅礴；小的瀑布韵味十足且生动活泼。叠水具有瀑布的一些特性，但是更多的是连接高低不同的小地形的作用，叠水的形态光滑圆润、晶莹剔透，虽然是动水却创造出一种宁静的气氛（见图1.77）。

图 1.77　瀑布

图片来源：www.photophoto.cn

图 1.78　溪流

图片来源：www.jituwang.com

溪流是动水的另一种重要的表现形式，它不需要太大的空间就能带来宜人的效果。溪流更适合自然婉转的设计，大小根据整体景观来确定。不同线形的溪流可以使整个景观富于变化，流动的溪水为景观增添了动感，能满足人们的亲水需求。溪流的韵味还在于潺潺水声，在设计的时候可以增加一些落差，让溪流的声音变得多种多样（见图1.78）。

喷泉是人工动水最主要的表现形式，如果说瀑布和溪流的流动和声音是自然的，那么喷泉的流动和声音就是有节奏、有规律的。喷泉是由雕塑演变发展来的，可以单独存在也可以作为水景的组成部分。喷泉的形式多种多样，根据需要可以人工设定喷射效果，比如雾喷泉、泡沫喷泉、旱喷泉、音乐喷泉等。现代景观设计中喷泉通常配合着灯光和音乐共同营造，人工的音乐和喷泉的水声带给人们美妙的听觉享受，而喷泉的颜色随着专用灯光的照射变化而色彩斑斓，创造出一种梦幻奇妙的景观（见图1.79～1.82）。

图 1.79　人工动水

图片来源：dy.16（三）com

图 1.80　音乐喷泉

图片来源：huaban.com

图 1.81 旱喷泉

图片来源：graph. baidu. com

图 1.82 雾喷泉

图片来源：www. meipian. cn

3. 水景设计原则

（1）功能性原则

水景观的基本功能是供人观赏，人们对于亲水、戏水、娱乐、健身的需求日益强烈，所以在水景设计的时还应考虑这些功能。

（2）满足整体性要求

水景是景观的组成部分，在设计具体方案时是要兼顾景观的整体效果，要根据水景所处的环境、建筑、植物来进行设计，不能将其孤立出来，要与整体景观设计的风格统一。

（3）满足技术和运营要求

水景的设计要考虑可实施性和运营成本，尽量利用原有的水资源进行设计，节约成本。现代科技日新月异，新材料与新技术层出不穷，所以设计师应该多尝试使用新颖的材料和技术来提高水体景观的效果。

4. 水体景观的设计要点

（1）力求创新，营造有特色的水景。目前，景观设计中水景很多都是大同小异，没有自己的特点，设计师应该根据景观项目的设计理念来设计水景，结合不同地理区域和气候的特性，设计不同种类、不同形态、不同主题的水景。

（2）水景设计要注意点线面的结合、平立面的结合，营造丰富的视觉效果。水景设计要注意避免宽度一样的水道和单调的线形，应采用宽窄变化不一的设计手法营造一种"九曲十八弯"的效果。设计时可以在水道中添加各种景观节点，如喷泉、涵洞、叠水等，通过水帘、水幕等来丰富水体景观的表现形式（见图 1.83）。

（3）水景设计要动静结合。静态的水能安抚人的心灵，让人归于大自然的宁静与祥和；流动的水体现了一种生机勃勃的景象，使人能感受到动态的美。设计的时候要注意动静结合，有张有弛。

（4）水景设计要重视人的参与和驻足。在居住区的景观中，水景除了观赏之外还需要让人参与进来，

图 1.83 滨水栈道

图片来源：www. nipic. com

接触到水，才能达到亲水、嬉水的要求。比如在水景中设计浅水嬉水区，在水景周边设置供人体息娱乐的场地，使人们能够在此交流、游戏，促进人际关系与社区文化发展，实现适宜人居住的景观目标。（见图1.84～1.85）

图1.84　亲水平台

图片来源：huaban. com

图1.85　嬉水区

图片来源：mp. weixin. qq. com

（五）植物

植物景观是景观设计中重要的景观形式之一，占有最大的比重，是景观的主要组成部分。凡具有一定观赏价值、适合各类园林绿地应用的植物种类，统称为园林植物。植物造景就是应用乔木、灌木、藤本及草本植物来创造景观，充分发挥植物本身形体、线条、色彩等自然美，搭配一幅幅美丽动人的画面，供人们观赏。

1. 植物分类

（1）乔木

乔木是指地上部分有明显的一个直立主干，且高达6米以上的木本植物，树体高大（通常六米至数十米），具有明显的高大主干。又可依其高度而分为伟乔（31米以上）、大乔（21～30米）、中乔（11～20米）、小乔（6～10米）四级。

乔木是景观植物设计中的骨干树种，无论在功能、空间营造，还是艺术处理上都起着重要作用，比如界定空间、提供绿荫、防止眩光、调节小气候等。乔木可以分为常绿乔木和落叶乔木两大类，其中多数乔木在色彩、线条、质地和树形方面随叶片的生长与凋落可形成丰富的季节性变化，即使冬季落叶后也能展现出枝干与树形的线条美。乔木在景观设计中多用作主景树，也可以用做道路两侧的行道树或者种植为树丛、树林。

常见的乔木有银杏、香樟、法国梧桐、国槐、樱花、栾树等。

（2）灌木

灌木是指那些在地面以上没有明显的主干且呈丛生状的树木，一般可分为观花、观叶、观果、观枝干和芳香类等，是矮小而丛生的木本植物。

灌木通过密集栽植代替草坪被称为地被覆盖植物，之后进行修剪使其整齐有序，达到立体草坪的效果。灌木的叶、花、果的色彩不同，也可以代替花草做成色块和图案。

常见的灌木有红瑞木、洒金柏、棣棠、石楠、火棘等。

（3）竹类植物

竹类植物属禾本科和竹亚科。竹亚科是一类再生性很强的植物，是构成景观的重要植物之一。

竹类植物四季常青用途广泛，在景观中多用于点缀假山水榭，常见的竹类有毛竹、淡竹、紫竹、凤尾竹等。

（4）藤本植物

藤本植物是指茎细长，能缠绕或攀援他物上升的植物，茎木质化的被称为木质藤本。

藤本植物可以用作墙面绿化。建筑外观常给人生硬冰冷的感觉，可选用藤本植物进行垂直绿化，增强建筑的生机和活力。藤本植物也可用于布置构架，比如公园或者庭院的游廊、花架、拱门、灯柱、栅栏等处都可以种植各类藤本植物，展现出绿意盎然的景观效果。

（5）水生植物

水生植物是指生长在浅水或湿地的多年生草本植物。根据与水的关系不同，又可细分为以下四类。

挺水植物：茎叶离开水面，根生长在泥里。如荷花、菖蒲、水芋、水烛、芦苇、变色鸢尾等。

浮水植物：叶浮在水面，根生长在泥里。如睡莲、芡实、水鳖、荇菜、眼子菜等。

漂浮植物：全株浮于水面，可随水漂动。如浮萍、满江红、大漂、菱、狸藻、品藻等。

沉水植物：全株沉于水中，如金鱼藻、狐尾藻、伊乐藻、轮叶黑藻、水毛茛等。

水生植物多使用对比或者互补的色彩、质地、形状进行栽植，用来装饰人工或者自然水塘的边缘。

（6）草坪植物

草坪植物是指构成园林空间中草坪的植物材料，主要有禾本科和莎草科植物。草坪植物多用于运动场、观赏草坪和绿地草坪，可以减少飞尘、防止水土流失，也可以作为建筑、树木、花卉等的背景衬托，形成清新和谐的景色。草坪覆盖面积是现代城市环境质量评价的重要指标，常被誉为"有生命的地毯"。

常见的草坪植物有剪股颖、结缕草、黑麦草、麦冬、白三叶、马蹄金等。

（7）花卉

花卉植物有广义和狭义两种意义，主要是指用于园林中具有观赏价值的草本植物。在景观中可以用作花坛花卉、盆栽花卉，点缀和美化当前环境。

按植物的生物习性可分为宿根花卉、球根花卉、水生花卉、蕨类植物等。

2. 植物景观设计的基本原则

（1）选择的每一种植物应符合预期功能

景观绿地的性质和功能决定了植物种类的选择和栽植形式，要确定设计场地的总体景观框架，了解具体某一块用地的性质，如街道绿地主要功能是交通、遮阴，公园绿地的功能主要是观赏、游览，所以在选择植物上要先考虑满足绿地的功能需要（见图 1.86～1.87）。

图 1.86 街道绿地

图片来源：huaban. con

图 1.87 公园绿地

图片来源：www. iqbbs. com

（2）艺术性原则，满足景观构图的需要

比如整体布局安排景观轴线、景观节点，根据平面布局形态来合理配置植物。各种景观绿地中多采用的栽植方式，如孤植、对植、丛植、群植、林地、花坛、花丛、花境、花带等（见图 1.88～1.90）。

图 1.88 花丛

图片来源：www. photophoto. cn

图 1.89 花境

图片来源：huaban. com

图 1.90 花带

图片来源：www. photophoto. cn

（3）满足景观美化观赏的需要

植物种类多种多样，各有特色，故在植物景观设计过程中，要根据预期的景观效果来合理搭配植物，更好地展现植物的色彩、质地、体量等特性，以形成良好观赏效果的植物节点（见图 1.91）。

（4）科学性原则，以适应当地气候和地质条件

我国幅员辽阔，各地区气候差异大的特点对植物的生长条件有很大的限制。比如椰子树、樟树等南方树种对气温和湿度要求比较高，不适合在北方栽植；还有一些植物对土壤的酸碱度要求很高，这些都是选择植物的限制因素。所以进行植物设计时提倡使用本土树种，适地种树才能提高植物成活率，既经济又能突出地方特色。

图 1.91　多种植物搭配形成美丽景观

图片来源：sz. news. fang. com

3. 植物设计方法

（1）主次分明

在具体的景观绿地中要求有基本树种作为基调，然后选择其他的植物进行搭配做到主次分明又相互联系。

（2）起伏变化、错落有致

植物景观的立面一定不要设计成一样高或者是简单的金字塔形，会显得单调沉闷。平面上也不要采用规则的几何形态（行道树、树阵等除外），应该在大小、高低、层次、疏密等方面富有变化。（见图 1.92～1.93 ）

图 1.92　行道树

图片来源：www. photophoto. cn

图 1.93　错落有致的植物景观

图片来源：www. duitang. com

（3）科学搭配

要从植物的生态习性出发，处理好不同种植物、同种植物之间的株距关系，使常绿树

种与落叶树种、喜光植物与喜阴植物、乔灌与地被、观花、观叶与观果等不同种植物，构成合理的植物群落，使植物在生长过程中得到适合的条件，形成自然的植物生态景观（见图1.94）。

（六）景观小品

景观小品是景观中供休息、装饰、照明、展示以及为园林管理和方便游人使用的小型建筑、基础设施等，具有体量小、数量多、分布广、功能简单实用、造型别致的特点，具有较强的装饰性，富有情趣（见图1.95～1.98）。

图 1.94　不同植物有机组合

图片来源：www.duitang.com

图 1.95　景观灯

图片来源：huaban.com

图 1.96　景观座椅

图片来源：huaban.com

图 1.97　景观铺

图片来源：huaban.com

1. 景观小品的分类

景观小品与基础设施的主要表现形式有以下四种。

（1）服务小品：可以供人休憩、遮阴用的廊架、座椅，如为游人服务的电话亭、洗手池、垃圾箱等。

（2）装饰小品：如景观场地中的雕塑、景墙、铺装、门、窗、栏杆等。

（3）展示小品：如布告栏、导视图、路标等，起到宣传、导向和展示的作用。

（4）照明小品：景观场地中的各种灯具，如广场灯、庭院灯、草坪灯等。

图 1.98 景观导视

图片来源：huaban.com

2. 景观小品的功能

（1）美化环境

景观小品自身的艺术特性与审美效果结合周围环境特点，加强了景观的艺术氛围，创造了美的环境。

（2）标识区域特点

景观场地中的小品一般具有区域性的特点，它是当地风土人情、历史文化的体现，通过这些特点对景观区域进行区别。

（3）实用功能

景观小品最基本的功能就是满足人的功能要求，如休息、照明、欣赏、导向、交通等。

（4）提高整体环境品质

可以通过景观小品来展现和突出景观主题，引起人们对各种问题的关注，提高景观的艺术品位和思想境界。

3. 景观小品的设计原则

（1）满足功能性

景观小品在设计时首先要满足功能性需求，不管是在使用上还是在精神层面上，都要以人为本，满足各类人群的需求。

（2）个性化

景观小品的设计必须具有特色，不仅是指小品自身的创意，还包括景观小品与它所处的区域环境的历史文化和时代特色的关系。设计时要注意研究分析当地的历史文化、风土风貌，归纳总结适合当地的艺术符号，再将这些符号应用到景观小品设计中去。

（3）艺术性

景观小品的审美要素包括点、线、面，节奏韵律、对比协调、尺寸比例、体量关系、材料质感以及色彩等。审美要素以它们独有的特征形成对人的视觉上的刺激，使人置身于某种"境界"之中。把景观小品设计成艺术品，使视觉体验和心理感受在对景观之美的审视中产生情感上的愉悦。

四、景观设计过程

（一）接受设计任务后进行实地踏勘，同时收集相关资料

在与对方接触之初，就要了解整个项目的概况，包括整体规划、建设规模、投资规模、可持续发展等方面，特别要了解对方的设计要求和建设意向。设计师要进行项目实地踏勘及拍照、摄影，收集规划设计前必要的原始资料。原始资料包括以下四个方面。

（1）项目地的气候类型、气温、日照、季风风向、降水量等气候资料。

（2）水文、地质土壤（含水量、酸碱性、地下水位）等地质资料。

（3）周围现状环境，包括场地周边建筑、主要道路路线、车流人流方向。

（4）场地内地形竖向状况。

（二）进行项目的分析工作

场地现场收集资料完毕后，立即进行资料整理、场地分析、总结归纳，阅读对方的设计委托书，并参照各种规范文件列出必须要达到的功能要求、内容和可能需要的功能内容。

（三）初步方案构思创意

进行初步方案构思时，要根据项目现状分析得出的结论，比如甲方要求、功能要求、文化历史影响等方面，进行项目的设计构思。可以查阅一些相关项目的资料，从生态要求、美学角度、地方特色、人文环境、技术材料、功能要求等角度出发，将设计任务书要求的规划内容融合到方案总平面图中。

在这个阶段中一定要将设计内容提炼出来一个主题，这样才能更好地将自己的设计理念和思想表达出来。一般情况下一个设计项目只有一个主题，主题需要与立意、场地条件、功能相协调，更好地符合服务对象的要求，更出色地展示项目的文化内涵和特色。

（四）方案表现阶段

方案确定之后需要绘制相应的图纸，一般包括以下九个方面。

（1）方案设计说明。

（2）方案总平面图。

（3）景观分析图（包括现状分析图、景观结构分析图、功能分析图、道路系统分析图、绿化种植效果分析图、景观视线分析图等）。

（4）各个景观节点的设计详图、立面图、剖面图。

（5）景观设施和小品的意向图。

（6）主要绿化树种的意向图。

（7）总体景观效果图。

（8）局部景观节点效果图。

（9）造价预算。

（五）方案汇报阶段

初步设计完成之后需要给对方进行一次汇报，汇报之前要将设计方案、设计说明、投资估算、方案总平面图、相关分析图、功能分区图、植物种植图、景观设施和景观小品意向图、全景效果图、局部景点效果图等图纸打印成汇报文本、汇报 PPT 文件、多媒体演示文件等多种汇报文件提供给对方，具体需要哪些文件要根据实际项目与对方的要求来制作。

（六）方案修改阶段

在汇报结束后要对对方的意见进行整理分析，按照对方的修改意见进行调整，这个阶段可能会持续比较长的时间，可能经历数次修改，一定要耐心。方案修改阶段会使整个规划在功能上趋于合理、更符合对方要求，并且确定下来主要功能分区及实施功能的具体建设项目，表现主题和立意的主要景点、次要景点和功能项目、道路系统、景观基础设施和小品的布置，绿化种植的配置。

（七）施工图设计阶段

当对方将方案确定下来之后就要开始施工图的绘制阶段。设计师在施工图绘制之前需要再次踏勘现场，增加建筑结构、水、电等各专业的设计人员，踏勘要更加精确细致，这样才能掌握最新的现场情况。

施工图主要包括以下八个方面。

（1）总平面图。

（2）放样定位图。

（3）竖向设计图。

（4）主要的剖面图。

（5）水的管网布置图以及总体上水、下水。

（6）电气布置总平面图、系统图。

（7）绿化种植图。

（8）绿化放样图。

第二章 公园景观规划设计

第一节 公园景观规划设计概述

公园是城市绿地的重要组成部分，其最基本的意义在于两个方面：（1）为市民日常休闲、娱乐、社交、文体活动等提供环境优美舒适的活动场所；（2）对城市或地区起到平衡生态、美化环境的作用。国家对公园的规划设计有明确的标准要求。在具体设计时，要发挥公园应有的作用就需要明确其性质和地位，根据规划的要求和发展特点进行设计，并考虑市民的需求，同时符合设计规范的要求。

一、公园的分类

在《城市用地分类与规划建设用地标准》中，公园是一类用地性质，属于绿地大类中的一个小类，其包含的种类非常丰富，包括综合性公园、纪念性公园、儿童公园、动物园、古典园林、风景名胜公园和居住区小公园等用地。在现实生活中，根据区位、属性、功能、形态等不同的分类标准，我们还常常能看到诸如中央公园、郊野公园、滨河公园、体育公园、带状公园、植物公园、游乐公园、主题公园等名称。其中比较特殊的是游乐公园和主题公园，如北京欢乐谷公园和基辅号航母主题公园，这些公园的主要特征不是园林景观，更多体现的是以游乐为目的的活动场所，环境景观多为人造塑形，甚至其中的绿化环境景观仅仅是点状的装饰。因此，不作为本文探讨的主体，以下文中的"公园"都是以绿化景观为主的公园。早期的公园主要服务于上层社会，主要是为了满足达官显贵的视觉和享乐需求，旨在体现其经济、地位、文化等方面的优越性。所以经常出现的是精心堆叠造景的假山石、精巧别致的水榭楼台、修剪细致的植物景观，各种对景、借景营造出步移景异、曲径通幽的环境，让人置身其中，小旷神怡。如拙政园、颐和园等中国古典园林就是其中的代表。

二、公园景观规划设计的基本理念

现代公园的设计中借景、对景等传统的古典园林的设计手法依然广泛运用在当代公园设计中，但由于所处地区文化背景、游赏人群、使用目的和需求等诸多因素的不同，进行规划设计时的出发点和理念也会有所区别。可以确定的基本理念有两点：（1）为市民提供休闲娱乐的场所；（2）满足生态环境的需求。所以，在最初对公园进行规划设计时要根据使用目的，针对不同类型、级别的公园，依照相关设计规范，考虑适用对象、场地特点等要素完成合理的设计任务。

三、公园景观规划设计的原则

公园的不同种类让我们归纳总结设计原则有比较大的难度，但基于以上大致通用的基本设计理念，我们可以在具体设计中应遵循以下的总体思路。

（一）满足对优美的自然生态环境的渴求

营造舒适的生态环境；在有条件的情况下尽量保留当地植被的自然形态；设置可以停留观赏景色的场所；主要道路尽量避免规则化的几何线形状。

（二）为人们提供休憩和娱乐的场所

适宜的空间有利于娱乐与社交。基本的公共服务设施；为特殊人群提供无障碍通道以及相应的活动场地，合理顺畅的交通组织；明确的指示标识系统。以上是公园设计的基本性原则，针对不同的公园特性应具体问题具体分析。两个方面的原则在实际运用中会出现大量的融合，这也是公园设计的复杂性所在，提及公园的设计原则一定要提到的一个人就是奥姆斯特德，他是美国 19 世纪著名的风景园林设计大师，特别是在现代公园的设计上造诣颇高，被誉为美国景观设计学的奠基人。他作为主设计师留下的纽约中央公园，已经成为现代城市中央公园的标志性作品。奥姆斯特德曾总结出一套经典的设计原则，被称为奥姆斯特德原则，包括以下六个方面的内容。

（1）尊重环境现状，保护自然景观，利用原有地形及气候条件，因地制宜的规划设计，在某些情况下，自然景观可以加以恢复或进一步加以强调。

（2）除了在非常有限的范围内，尽量避免呆板的规则式，运用自然式规则进行风景造园，将自然美景引入城市，从而舒缓城市居民的压力。

（3）保持公园中心区域草地或草坪的面积，形成开阔的视野范围，亦为游人提供休憩、散步、运动的自然空间。

（4）绿化及造景植株选用本土的乔灌木，既能提高存活率，减少后期维护，又能增加大众的熟悉度和亲切感。

（5）在规划道路时，尽量避免长而直的道路，利用流畅的弯曲线形成富于变化的路径，来增添景观与趣味，并让所有的道路成循环系统，方便人们游览。

（6）园区利用主要道路来划分不同的区域空间。

奥姆斯特德原则及其设计思想被奉为现代城市公园设计理论的典范。

四、公园景观规划设计的建议

（1）前面提到过公园的分类复杂多样，因此，当我们接到一个公园项目时最重要的是要确定公园的性质、服务对象及整体项目背景，只有先确定这些内容，才能确保我们在接下来规划工作中不会出现原则性的错误。

（2）进行公园项目的规划设计时，会遇到游客量的测算，众多技术指标都基于游客量的数值来计算，在实际工作中需要具体对应分析。

（3）在多数拥有较大面积植被量的公园中，某些植物特别是乔灌木的成长很容易出现治安盲区。因此这就需要设计者们在设计之初就从总体布局、植物选择、道路设置、照明系统、指示系统设置、安防设施配备等多方面进行考虑。

（4）在具体设计中，草坪的应用需要慎重选择。虽然草坪具有良好的造景效果，易于营造公园整体绿化景观效果，但应该注意两点：①大面积的草坪对水资源的需求量巨大；②草坪对后期的养护要求较高，自我修复能力较差。因此，在缺水或养护水平不好的地区应该控制草坪的面积或者用其他的绿化形式来代替。

第二节　案例分析

一、案例一

成都大源中央公园景观设计（方案作者：田勇、范颖）。

（一）项目概况

1. 项目背景

成都，别称蓉城、锦城，是四川省省会，位于四川盆地西部，成都平原腹地，自古享有"天府之国"的美誉，如今亦是中国内陆腹地的重要交通枢纽和经济中心。天府新区为国家级示范新区，规划用地650平方公里，规划城市常住人口600～650万人。天府新区与中心老城区共同形成产业发展、公共服务、交通、市政、生态环境一体化布局。高新南区地处天府新区与中心老城区交界处，是天府新区的门户区，聚集发展中央商务、文化行政高端服务功能、建设成区域的生产组织和生活服务的主中心。本项目大源中央公园绿地地处高新南区中心位置是区域内重要的集中绿地。

（二）区域背景

（1）区位交通分析

高新南区作为天府新区与中心老城区的交界位置，交通系统发达便利，天府大道、益州大道和剑南大道三条城市结构型交通要道均贯穿高新南区，同时地铁一号线南延线在高新南区区域内有多达 11 个停靠站点。

本项目北临天府二街，南临天府三街，西靠剑南大道，距高地铁一号线天府三街站仅 800 米的距离。完善的交通系统对游客来公园游玩提供了便捷的条件。

（2）周边地标分析

大源公园周边有众多地标性建筑设施，亚洲最大单体——环球中心位于其北侧，东侧为成都 CBD 高端商业群，成都名校市七中位于其西北侧，还有新会展中心、地铁大厦等。

（3）绿地系统分析

大源公园北侧方向靠近锦城湖公园，向东连接世纪城公园一期与二期，周边贯穿带状的城市绿化长廊。由绿地系统分析可以看出，虽然锦城湖与世纪城公园的地块面积要大于大源公园，但是它们的地理位置都在区域边缘，大源公园是公园高新南区中心位置的唯一集中绿地，在规划结构中将成为整个高新南区居民日常休闲活动空间的重要节点。

（二）现状分析

1. 周边业态分析

大源公园二期西侧紧临世豪商业广场，商业氛围浓厚；北侧与南侧有华润凤凰城与锦城南府、保利星座等高端住宅区，东侧是公园一期地块，之间以肖家河河道分隔。整个项目地处新城生产生活节点的中心位置（见图 2.1）。

2. 周边交通分析

大源公园二期西侧紧邻城市快速干道剑南大道，北侧与南侧紧邻新城横贯线天府二街与天府三街，项目用地三面临街，一面临河，地理交通位置非常良好，为使用人群提供了便利的交通道路网。

3. 周边人流聚集分析

大源公园二期周边汇集了商业综合体与高端住宅区，东侧紧邻一期用地。居住区的主要出入口与商业主要出入口是人流汇集最多的位置，分析公园周边的人流汇聚点对后期的总体设计公园交追流线有非常重要的作用（见图 2.2）。

图 2.1 周边业态分析

图片来源：作者自制

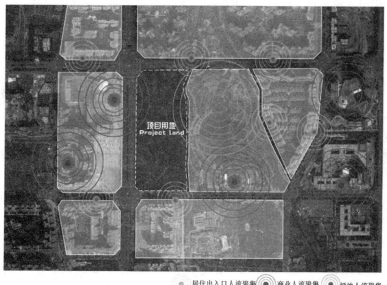

● 居住出入口人流聚集 ● 商业人流聚集 ● 绿地人流聚集

图 2.2 周边人流聚集分析

图片来源：作者自制

4. 基地高层分析

大源公园二期地块整体较平坦，最大高差在 8 米左右，呈北高南低地势。在总体设计上应当充分考虑高差现状，因地制宜，减少土方量开挖的成本（见图 2.3）。

图例
504.0~505.0
505.0~506.0
506.0~507.0
507.0~508.0
508.0~509.0
510.0~511.0
511.0~512.0

项目用地

图 2.3　基地高层分析
图片来源：作者自制

（三）总体规划

1. 设计理念

项目的景观灵感来源于"海绵"。海绵可以吸收缓冲，具有一定的弹性。设计者意图将大源公园这块镶嵌在现代化城市中心的集中绿地变成一块可以对城市起到缓冲、对雨水起到渗透、对资源起到循环作用的"海绵体"。重塑城市的肌理，通过绿地缓解城市发展带来的问题。

设计师希望通过这块"海绵体"可以让过度硬化的现代化城市得到一定的缓冲，回归到人与自然、都市与绿地和谐统一的状态。本项目设计师意图将雨水收集"渗透"的理念融入本项目的设计中，就如"海绵体"一样，对城市中的污水废水进行生态的净化，再通过软性的方式使过多的雨水渗透进地下，缓解城市的雨洪问题。

将通过雨水收集设施净化过滤的雨水资源合理地储存与利用，反补公园的浇灌系统与建筑用水，使公园自身的能耗降到最低。同时可以影响一定区域内的城市环境，使公园成为城市的净化器与能量泵。

2. 设计表达

设计师在对场地的规划中，运用了自然界中原始的形态，如气泡、水纹、水珠、花瓣、大树等，将其融入在方案平面设计当中（见图 2.4~2.5）。

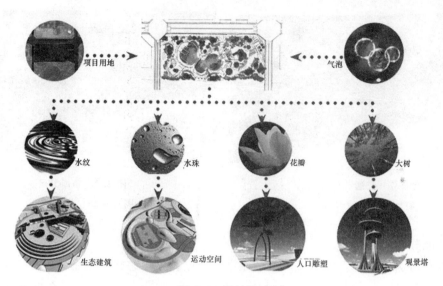

图 2.4 设计表达
图片来源：作者自制

3. 规划布局

（1）主题分区

根据北高南低的地势现状，以及周边业态的分布情况，将整个园区划分为四个主题分区，分别是"城市门户区""都市生活区""景观驳岸区"与"生态湿地区"。各个分区之间互相联系，彼此穿插，为游人提供多样性的观景体验（见图 2.6）。

图 2.5 总平图
图片来源：作者自制

图 2.6 主题分区
图片来源：作者自制

（2）交通流线分析

整个公园的道路大致分为六个部分，公园入口处是连接公园和外界空间的衔接道路，沿着公园主要的园路是景观绿道，在湿地和木平台处是栈道，生态建筑上面有建筑上层部分的交通流线，最外围的是临街的人行道路（见图 2.7）。

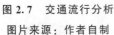

图 2.7 交通流行分析
图片来源：作者自制

图 2.8 功能分区
图片来源：作者自制

（3）功能分区

公园总体分为七个区：主入口广场的城市门户区，以生态建筑为主体的都市生活区，依靠着肖家河一条绿化为主的绿化隔离区，为人们提供健身活动场地的两个健身活动区，以景观塔为制高点的滨水休闲区和以湿地景观为主的生态湿地区，最后是入口的坡地景观区（见图 2.8）。

（4）空间竖向分析

对场地的实际清况分析之后，设计规划了公园分区位置的标高，场地最外围的是市政道路的标高，公园内最高处是观景塔。根据原始场地的标高，合理规划了景观水域和湿地水域的标高（见图 2.9）。

图 2.9 空间竖向分析
图片来源：作者自制

（5）主要节点分析

在平面构成和谐、交通流线顺畅、功能分区合理的前提下，选择关键性节点设计具有一定功能性的景观构筑物，丰富场地的立体空间元素，强化不同分区的场所感，为人们提供一个流连忘返的城市景观公园（见图2.10）。

图 2.10 主要节点分析

图片来源：作者自制

①双通道的景观桥，为游人提供了多样化的交通选择方式。

②以参天大树为灵感设计的观景塔高达30米，为游人提供了极佳的俯瞰点位。

③花瓣灵感的雕塑为入口提供了竖向的视觉焦点。

④流线型的景观茶室处在景观湖边，具有极佳的观湖视角。

⑤生态建筑下沉中庭空间为人们提供了休闲交谈的半围合空间场所。

⑥户外咖啡厅为广场人群提供休憩场所。

⑦悬挑的观景平台，形成了立体的交通流线。

（6）界面分析

公园三面临市政道路，一面临河。其中每条道路的周边业态各有差异，剑南大道一侧紧邻世豪商业广场，天府二街与天府三街一侧靠近高端住宅区，肖家河一侧与公园一期相邻。设计者在公园的每个临街展示面结合其相邻的业态做出不同的设计，并通过剖面图进行表达（见图2.11～2.13）。

（7）驳岸类型分析

整个景观湖是公园的中心节点，其驳岸的设计根据与湖面相邻功能分区的不同而采用不同的设计表达形式，分别有硬景驳岸、亲水广场驳岸、梯级退台驳岸、自然驳岸、亲水木平台驳岸、湿地驳岸六种表达形式（见图2.14）。

图 2.11　界面分析

图片来源：作者自制

图 2.12　界面分析

图片来源：作者自制

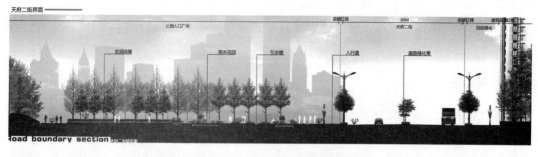

图 2.13 界面分析

图片来源：作者自制

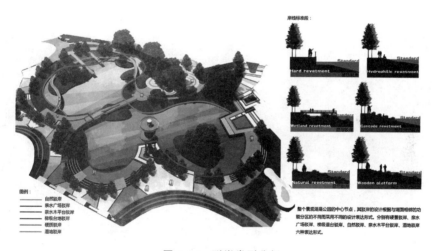

图 2.14 驳岸类型分析

图片来源：作者自制

（四）雨洪策略

1. 问题阐述

近年来与水有关的灾难与问题频频出现，使得人们不得不开始思考城市发展与生态环境之间的矛盾与解决方法。

城市公园是现代城市中宝贵的集中绿地资源，应从景观设计学的角度考虑，将景观美学与自然生态学相结合，使公园在满足使用人群的活动空间与城市形象窗口的同时，起到改善城市雨水调节的机能，缓解由于城市过度建设以及硬化地面过多而造成的地下水枯竭、雨洪失控、水质污染等环境问题。

2. 解决思路

成都大源中央公园地处成都高新区大源片区腹心地段，周边地形高差平缓，市政道路与商业中心地面硬化度很高，如果遇到极端暴雨天气很容易出现雨洪灾害。公园的设计以雨水花园、海绵城市为设计指导理念，从雨水收集到雨水净化最后到雨水的储存与利用，都在具体的设计细节中得以体现，使公园不仅是周边居民的活动游憩空间，更是一个缓解城市雨洪、吸收净化过量雨水的生态海绵体。

3. 解决策略

通过雨水花园、生态湿地、渗水铺装等一系列雨水收集过滤设计，使公园成为城市的一块"海绵体"，缓解周边硬化场地所带来的雨水冲击，调节区域范围内的雨水平衡，并将收集过滤的雨水储存起来，满足园区自身的用水需求，降低公园自身的能耗，在生态自然与景观美学之间找到平衡（见 2.15）。

图 2.15　解决策略
图片来源：作者自制

（1）过滤

使用地被草本植物控制雨水流经的渗透速度，通过生态过滤的方法在渗透的过程中净化雨水。

（2）浸泡

设置渗透池或生态湿地等储水浸泡设施来调节平衡雨水量，防止恶劣气候导致的雨洪失控。

（3）传输

通过路面找坡合理布置导水管（穿孔）等设施，控制雨水的流向与流量，合理分配收集储存的雨水资源（见图 2.16）。

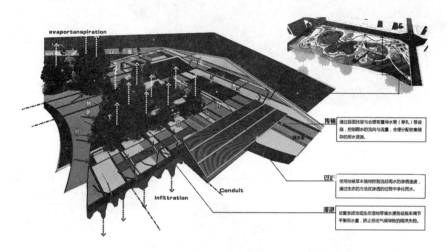

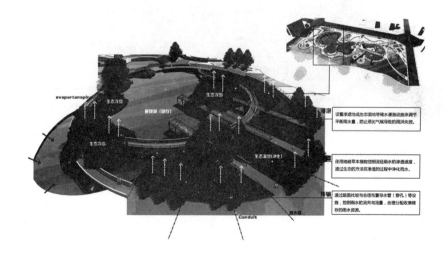

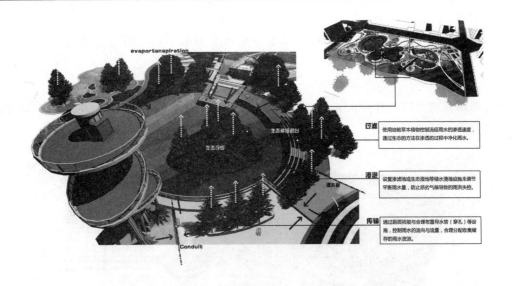

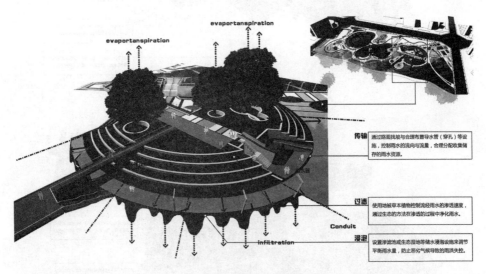

图 2.16 解决策略

图片来源：作者自制

4. 驳岸营造策略

对于驳岸的雨洪设计处理，提出了四个重点设计构思：首先通过地面找坡将雨水进行定点汇集；然后通过地面水槽的设计，将汇集的雨水引导至驳岸方向；接着在驳岸边缘设计植物过滤系统，将雨水中的污染物进行生态清洁；最后排入具有储存雨水功能的人工景观湖中。因此人工景观湖可以调节项目及项目周边的雨洪平衡，同时为公园里其他绿地喷灌系统提供水源，使汇集的雨水得到充分地利用（见图 2.17）。

为了更加彻底地探索路上径流的排放与过滤污染的形式，设计团队在两个方案里采用了不同的间接排放系统与过滤形式，使之呈现出不同的景观效果（见图 2.18）。

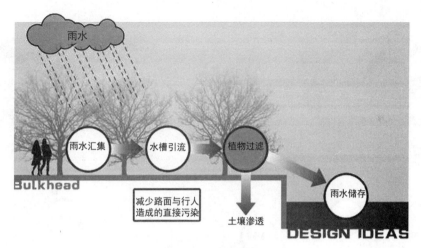

图 2.17 驳岸营造策略

图片来源：作者自制

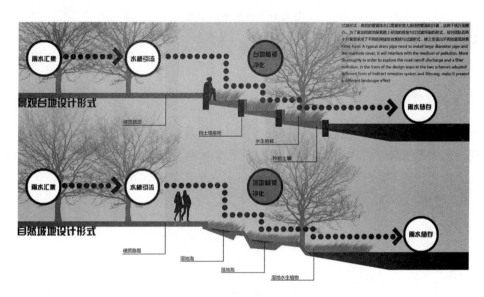

图 2.18 驳岸过滤形式

图片来源：作者自制

5. 道路营造策略

根据道路的具体位置及路幅宽度的不同，结合呈现的景观效果，设计团队采用了不同的渗透形式，将渗滤沟、透水性材质与卵石排水沟相结合，从设计上解决了园区内路面积水的隐患（见图 2.19）。

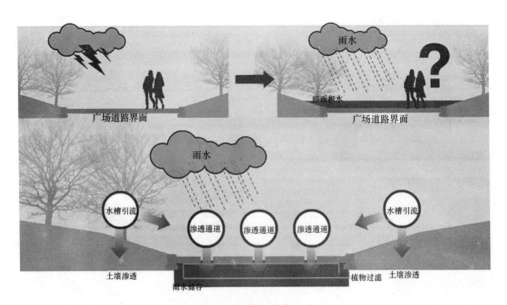

图 2.19　道路过滤形式

图片来源：作者自制

6. 建筑营造策略

对于项目内的覆土生态建筑，设计团队将雨水收集系统与建筑的整体外观造型相结合，在满足景观视觉效果的同时，使建筑自身收集储存的雨水可以为建筑内部的用水需求提供补给，最大程度降低了建筑本体的使用能耗（见图 2.20）。

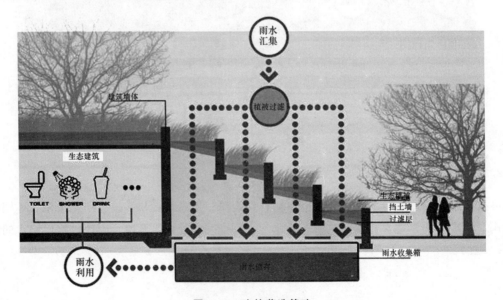

图 2.20　建筑营造策略

图片来源：作者自制

（五）详细设计

1. 入口展示区

主入口展示区紧邻世豪商业广场，承载着城市窗口形象展示的功能，利用极具设计感的构成线条围合出方正完整的开场空间，可以满足市民集会、活动甚至商业演出等集体性活动。在立面空间设计上，考虑 LOGO 景墙与垂直绿化等围合场地边界，在广场中心位置设计景观建筑，为微型商业预留使用场地（见图 2.21～2.22）。

图 2.21　入口展示区

图片来源：作者自制

图 2.22　入口展示区剖面图

图片来源：作者自制

　　园区 LOGO 生态墙处在公园主入口广场处，起到引导人流方向和展示公园形象的作用。材质上考虑用自然文化石，体现公园自然生态的设计思想，墙体上用金属铝板材质制作公园 LOGO，精致大气。墙体背面为种植土，可以种植绿化植被，形成特色的几何坡地景观效果（见图 2.23～2.24）。

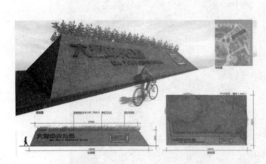

图 2.23　主入口 LOGO 生态墙

图片来源：作者自制

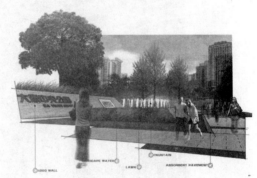

图 2.24　主入口透视图

图片来源：作者自制

2. 生态建筑区

　　生态建筑区为小餐饮、生态书屋、休闲咖啡等都市人群喜爱的小资生活服务提供了运营的空间。在造型设计上，建筑融入整个场地的构成形式，并且融入雨水收集的生态管理系统，使建筑的使用能耗降到最低（见图 2.25～2.26）。

图 2.25　生态建筑区
图片来源：作者自制

图 2.26　生态建筑区剖面图
图片来源：作者自制

　　生态景观茶室造型流线，与园区整体设计线条统一，在靠湖面区域设计落地的玻璃窗为使用人群提供了非常好的观景视角。整个建筑同样以低能耗为设计理念，运用流线的顶棚与漏斗型的支柱起到了雨水收集的作用，在建筑主体的顶面设计钢化玻璃穹顶，为建筑内部提供充足的自然光照（见图2.27）。

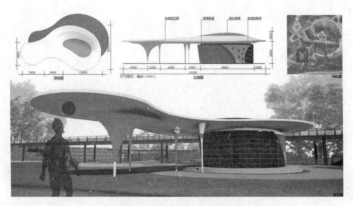

图 2.27　生态景观茶室

图片来源：作者自制

3. 景观驳岸区

利用合理的雨水收集驳岸设计与生态水生植物种植，形成完整的微型生态系统，使景观湖可以自我净化且保证水质的清澈，营造宜人的景观环境。在中心位置设计可俯瞰全园区的眺望塔，形成区域内的地标点，吸引人流，活跃园区人气（见图2.28～2.29）。

图 2.28　景观驳岸区

图片来源：作者自制

图 2.29 景观驳岸区剖面图
图片来源：作者自制

生态景观眺望台作为整个园区的制高点，可以俯瞰整个园区的景观，是一个地标性的构筑物。起到了展示公园形象，吸引园区周边人群的作用。构筑物的造型灵感来源于原始森林的参天大树，体现园区生态自然的设计理念。材质上运用塑木与钢构相结合，组成三个不同高度的立柱，最高的立柱设计了景观直梯，可以将使用人群快速地传输到相应的高度。立柱顶端分别控制着三个高低错落的观景平台，使游人可在不同的高度欣赏到不同的风景（见图 2.30）。

生态景观桥横跨景观湖面的中段位置，完善了园区主要交通流线的便捷性与选择性，在材质上采用塑木与钢构结合，与园区其他小品构筑物风格统一。结合地形的高差与游览的趣味性，桥面在立面空间上有一定坡度，桥面设置坡道和台阶，使步行与骑游的游客都能方便的通过桥面（见图 2.31）。

图 2.30 生态景观眺望台
图片来源：作者自制

透视图

图 2.31　生态景观桥
图片来源：作者自制

4. 生态湿地区

生态湿地区的设计偏向自然，不对植物做过多造型上的设计，只将合适的品种进行合理的搭配后，为其预留可自由生长的空间环境，展现一种野趣盎然的景观效果。在湿地浮岛之间用景观栈道穿插相连，来增强人们的参与趣味性（见图 2.32～2.33）。

图 2.32　生态湿地区
图片来源：作者自制

图 2.33　生态湿地区剖面图

图片来源：作者自制

5. 坡地景观区

利用场地内的土方资源进行微地形的堆坡处理，限定场地空间的形态，引导人们的游览路线与视觉中心。配合五层植物的竖向搭配，点缀特色景观构筑物与地面铺装使空间的观景面更加丰富，以此来增强人们的观赏乐趣（见图 2.34～2.35）。

图 2.34 坡度景观区
图片来源：作者自制

图 2.35 坡地景观区透视图
图片来源：作者自制

6. 运动健身区

采用曲线的平面结构设计，打破常规方正的运动场地，增强场地的运动趣味性。利用彩色透水混凝土地坪区分运动场地的不同功能，点缀特色的景观种植池增加场地的绿化量。以人为本考虑使用人群的需求，充分发挥场地的使用功能（见图 2.36）。

图 2.36 运动健身区
图片来源：作者自制

图 2.37 儿童活动区
图片来源：作者自制

7. 儿童活动区

采用曲线的平面结构设计，集合同心圆的地面图案，增强场地的趣味性。场地内设计供儿童攀爬的软性材质的坡地与趣味性的儿童活动设施，丰富了儿童游乐的选择性。点缀景观种植池搭配乔木，降低场地的阳光直射面，为使用人群提供舒适的游乐环境（见图 2.37）。

二、案例二

成都武侯区江安河金华节点公园景观空间设计（方案作者：王润强、高加双）。

（一）项目概况

1. 城市概况

成都位于中国花溪地区东部，西南地区最大平原——成都平原腹地，境内地势平坦，河网纵横，物产丰富，水系发达，自古就有"天府之国"的美誉，是国家首批历史文化名城和中国最佳旅游城市之一。

2. 气候特征

成都市位于川西北高原向四川盆地过渡的交接地带，冬暖、春早、无霜期长，四季分明，热量丰富且夏秋多雨，雨量充沛。

3. 总体目标

成都建设的总体目标是建设一个具有良好的生态环境、体现历史和地方特色、人民安居乐业的现代化大城市。

（二）现状分析

江安河公园位于江安河武侯段下游，由活力飞扬、古佛寺晨钟、凉水井坊三段组成，在沿河道呈现带状分布，全长 13.2 公里，总面积 1 500 亩，核心区域是古佛寺晨钟。规划强调滨水地区与城市的连接性、良好的可达性，南端机场高速与南侧入口京港大桥连接，中端武侯大道与之相连，北端与川藏路交汇。

（三）总体规划

1. 设计难点

滨水空间在城市空间的整体中占据了一定的主体地位，决定了城市界面的个性与人们日常生活休息的主要特征，如何把握好滨水空间的特色和人性空间的尺度显然是本次江安公园的主要挑战。

2. 设计机遇

本项目地块紧邻江安河公园，位于成都武侯区与双流区的交接处。有较丰富的人文历史底蕴，是古代南方"丝绸之路"的起点，三国文化的核心区域之一，在当代该地区也被誉为"女鞋之都"。因此，给江安公园的空间设计铺设了最好的展示平台。

3. 设计构思

（1）文化艺术性

滨水景观规划在城市建设中愈加重要，是提升城市整体形象、打造城市品牌文化的新窗口，每一次的开发都会受到社会的广泛关注。随着科技与城市的发展，人们的审美标准、艺术鉴赏能力也得到了显著提升，对城市滨水景观的人文性、艺术性也提出了新的要求。成都既有厚重历史，又有朝气活力，是一座多元开放、文化氛围浓厚的创新型城市，对城市滨水公共空间的景观营造、小品配置、艺术装饰等方面的品质有着更高的追求，通过设计规划表现成都的地域文化与精神气质，成为成都的标志性景点。

（2）人性化设计

高质量、人性化的公园景观空间设计要充分考虑场所功能与人们的生理感受，和谐宜人的滨水空间就像步入了一个艺术体验公园，能够纾解快节奏的城市压力，体现设计的人文关怀。

（3）可持续发展与社会和谐

公园将在城市中形成一个复杂的生态系统，高质量、人性化的公园景观空间可以为未来的可持续发展打下坚实的基础，不但能加强城市绿化和休闲空间的营造，标志性景观及其承载的物质和休闲文化生活，还有利于社会的和谐（见图 2.38）。

图 2.38　设计意向图

图片来源：作者自制

4. 概念来源

　　该项目的设计主题是"轨迹",轨迹一词指的是点在移动时经过的路径,引申理解为事物发展变化时留下的印记。一个公园的建成,是为了吸引众多市民、游客前来休闲娱乐的,他们将在这里相知相遇,在这里互动交流,在这里告别分离,这座公园将默默记录着来访者的游玩点滴,个体的活动轨迹最终交织为独特的滨水运动轨迹。武侯区"198 江安河公园"的建成,必将成为成都市政滨水公园发展史上浓墨重彩的一笔。项目将"轨迹"作为主体的概念元素,通过对点不同的运动路径和移动速度,形成具有张力的直线,再引入到设计中,让滨水公园通过年轻活力点的慢慢移动或曲线移动体现出公园的休闲与安逸。设计中艺术的表现形式将轨迹的深层次含义进行诠释(见图 2.39)。

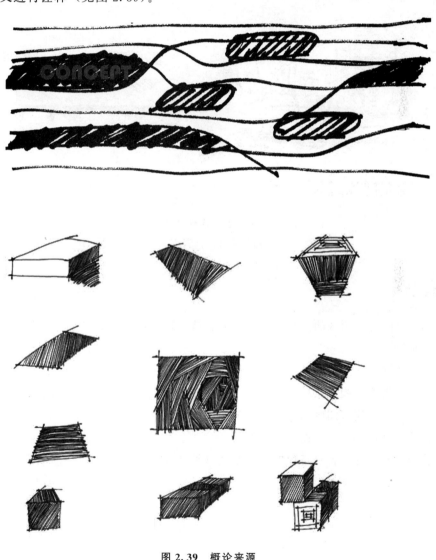

图 2.39　概论来源

图片来源:作者自制

5. 表现形式

将项目的入口区域规划为展示广场，运用富有韵律的曲线线条为主要元素，将线性铺装与树阵结合呼应，形成统一和谐的形式，把江安河旁的滨水步行道设计为塑胶跑道，提升该区域的动感与活力。同时设计了立体化的交通，将一条红色的曲线贯穿整个地块，形成一个可以俯瞰整个公园及江安河的半空观景步道。同时，在展示区中通过一些点状的景观元素如雕塑、构筑小品以及玻璃盒子来点缀条形元素，运用金属、玻璃等工业材料体现科技感和未来感。不规则的绿化及块状的树池等软性元素丰富了空间层次，以自然的亲和力吸引人们逗留体验（见图 2.40）。

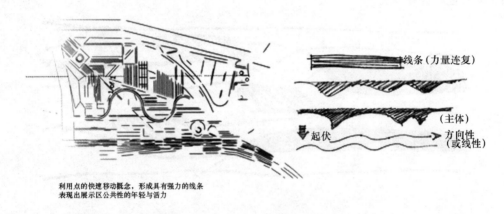

图 2.40　表现形式

图片来源：作者自制

6. 设计理念

（1）运用直线连接园区的西北入口、中心区域及东南角，形成主要的景观轴线。

（2）运用曲线构建主体的观景步道，贯穿园区各景观带，丰富园区空间，方便游客穿梭赏景。

（3）运用三角形连接园区的各个景观节点，形成多组团、多中心的布局模式，从而创建一个循环的交通流。

（4）构建各具功能、各具特色的区域空间（见 2.41～2.42）。

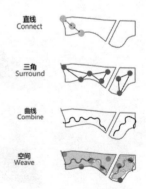

2.41　设计理念

图片来源：作者自制

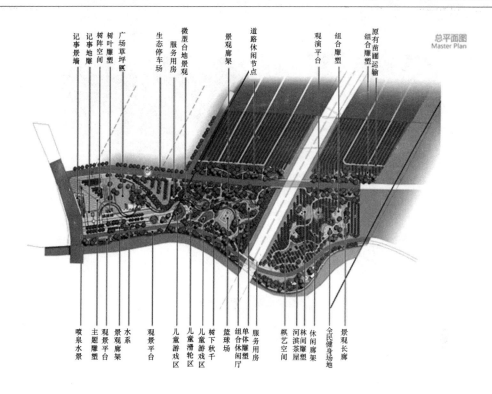

记事景墙　记事地雕　树叶雕塑　树阵空间　广场草坪区　生态停车场　服务用房　微型台地景观　景观廊架　道路休闲节点　观演平台　组合雕塑　组合雕塑　原有苗圃运输　总平面图 Master Plan

喷泉水景　主题雕塑　观景平台　景观廊架　水系　观景平台　儿童游戏区　儿童滑轮区　儿童游戏区　树下秋千　篮球场　组合休闲厅　单体雕塑　服务用房　棋艺空间　河滨茶屋　林间雕塑　休闲廊架　全民健身场地　景观长廊

图 2.42　总平面图
图片来源：作者自制

（四）详细设计

1. 功能分区

园区的设计要有合理的功能分区、提高游憩性、多样交通。门户展示区作为公园的"客厅"应该表现出公园的形象以及提供人员集散活动的场地空间，因此，这里主要以不同规模的硬质活动空间为主，突出动感活力。自北向南，逐渐过渡为生态景观空间，突出"静"，主要承担人员的休闲游憩功能（见图 2.43）。

2. 交通分析

首先满足交通枢纽的交通功能，在不妨碍消防的情况下，结合空间的组织特点和艺术手法，使外围机动车与人流交通顺畅，互不干扰（见 2.44～2.45）。

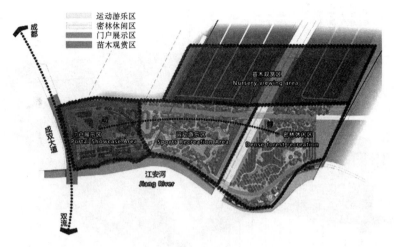

图 2.43　功能分区

图片来源：作者自制

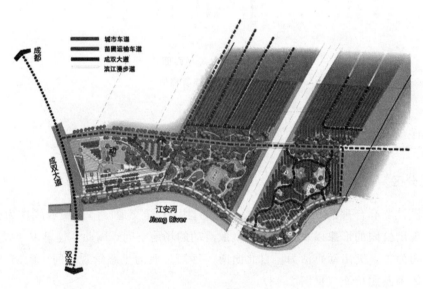

图 2.44　交通分析 1

图片来源：作者自制

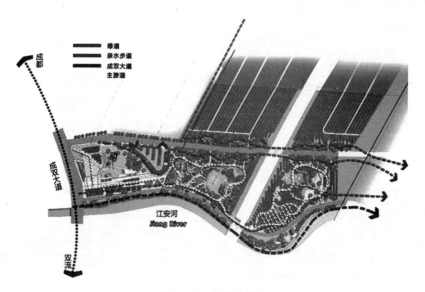

图 2.45　交通分析 2

图片来源：作者自制

3. 门户展示区

景观特色：轨迹广场、商业中心。

该区域作为门户景观区，不仅是面向城市交通干道的主要景观界面，还是人流集散的中心，因此兼备多种功能，如城市广场、商业会所、景观展示界面。在设计上，根据视线体验感受，进行路线定位，在广场入口中心设置标识背景墙，以入口—主题雕塑—LED 展示塔三点为核心，临河边为活动空间，开阔草坪为依托，体现该区域的标识性和通透性（见图 2.46）。

图 2.46　门户展示区透视图

图片来源：作者自制

4. 儿童游戏区

景观特色：运动、玩乐。

该区域主要是集儿童玩乐、运动为一体的多样休闲空间。设计了一些儿童乐园、运动场地、健身步道等便民利民措施。同时，在儿童乐园附近都安排了休息空间，方便家长在照看小孩的同时就近休息。该区域还穿插了溪流景观，周边以绚丽的宿根花卉极大地丰富了该区域的景观异质性（见图 2.47）。

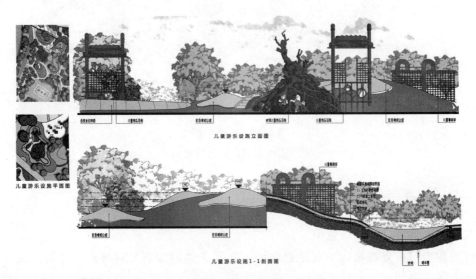

图 2.47 儿童游戏区立面剖面图

图片来源：作者自制

5. 密林休闲区

景观特色：林下休闲。

该区域主要以林下休闲为主。在临河一边保留或新建造一些公园服务性商业，增加公园的产业文化。在区域另一边则主要打造休闲的林下空间，形成郁郁葱葱的绿色屏障，给人以宁静、舒适、浪漫的感受（见图 2.48）。

图 2.48 密林休闲区透视图

图片来源：作者自制

第三节 总结

一、小结

公园作为城市公共休闲空间与绿化的重要组成，一个富有特色、环境优美、功能齐备的公园，在满足居民休闲活动和亲近自然的同时，也展现了城市的繁荣与活力，体现着城市文明进步的水平。

城市中的公园是与市民生活息息相关的基础设施和活动场所。有时一个城市的公园数量和质量可以成为衡量这个城市生态和精神文明建设的主要标准。良好的环境营造、合理的布局安排和宜人的尺度控制是一个公园设计成功的标准。

二、练习

（1）调查周边公园景观现状之后得出现状问题调研报告。
（2）根据所归纳出问题的进行公园设计。

第三章 校园景观规划设计

第一节 校园景观规划设计概述

随着社会化进程的加快，教育水平的增长，高校招生的人数大幅度增加，许多大学都面临着改建、扩建。在改建和扩建校园的过程中，怎样创造一个具有校园文化特色和优美的自然环境是校园景观规划设计的重点所在。

校园环境是一个蕴含着教学学术精神文化和硬件设施物质文化的多元化综合体，需要满足学习生活、办公管理、人文关怀等大量功能需求，优秀的校园景观设计不仅仅局限于解决功能问题，还必须具备更深层次的历史文化底蕴，符合学校品牌形象和发展定位，优秀的校园景观设计能够优化校园环境、经济指标、技术层次，并具有可持续发展的积极影响。

一、校园的功能

（一）学校的功能

学校的主要功能是教书育人，校园环境能潜移默化地影响师生的情绪，良好的环境对学生的身心发展与学习效率有着正面的辅助效果。首先，校园应具备良好的景观视野，通透清晰，导视明确；其次，在学校的各个建筑之间要设计尺度合适、可供休息的小型景观休闲区；第三，在校园中规划足够的绿地，在提高绿化率的同时，也增加树荫为师生保留一个放松的乘凉空间。学习是一项脑力活动，良好的景观环境可以活跃气氛，开拓和激励思维，刺激灵感的创作。

（二）休闲交往的功能

当今社会发展迅速，节奏过快，对人才的需求也日益增大，这就要求学生在学校中除了要掌握好基本的专业知识与技能外，还要保持与社会的接轨，因此学生要具有良好的社交能力，成为能适应当今社会发展的优秀人才。合理的校园景观设计，能够根据实际需求，为师生的交流、聚会保留出良好的室外或者室内交流空间。

（三）运动体育的功能

现代社会要求人才不仅仅要专业技术过硬，同样也需要良好的身体素质和强健的体魄进行支撑。很多大学在体育上要求很严格，例如清华大学对学生身体素质就很看中，体育课若是不能通过，将无法领取毕业证书，为了激励学生锻炼还提出了"为祖国健康工作五十年"的口号，足见其重视。所以在学校中设计合适的运动体育器械、运动区域和健身区域是必须的。

二、校园设计的人文气息

学校是一个特殊的场所，自从有教育的时候就有学校的概念，学校有着深厚的文化底蕴和优美的人工环境。这些人文环境对于学生的意识形态有着引导的作用。在改建和扩建过程中，如何保持原有的气息特色就是景观设计中的重点；如何挖掘学校的人文元素，建造特色鲜明、形象丰满的主题校园，是校园景观设计中的难点和重点。

三、校园文化性景观的可持续发展

校园文化性景观这个名词可以理解为精神的发散。人们在校园景观中能感受到美丽事物同时也能感受到精神上的愉悦和其中蕴含的大学精神，能使人产生这般感受的景观就是校园文化性景观。在学校中，校园的历史构筑物是校园文化最好的体现，清华大学、北京大学等都是典型的代表。清华大学的二校门是清华大学早期的校门，由汉白玉筑成，大拱上有清末要臣那桐题字"清华园"，从建成到现在一百多年的时间里，它目睹了钱钟书、华罗庚等著名学者、科学家从这里走过，是清华历史的见证者，也是清华大学标志性的文化景观。北京大学的湖光塔影等也是体现北大精神，展现北大文化的标志性景观建筑。

当新校区建设的时候，如何在这个全新的环境中将本学校的文化展现出来是一个至关重要的问题。这要求设计师在规划时要寻找校园的精神文化根源，将其融入到设计中，弘扬校园文化、强化新、老校区的联系，使新校区与老校区同样具有文化归属感。在体现文化方面与艺术相结合，可以在校园景观设计中运用园林艺术的表现手法，设置能代表学校历史传统和独特文化底蕴的雕塑小品、元素等，把体现校园特色、校园精神的作品呈现到师生面前。

四、校园景观规划设计的建议

（1）进行校园的景观规划设计，首先从校园精神着手。每一所大学都有自己的独特文化，校训便是其文化精神的提炼，校训被师生铭记于心，有着无形的凝聚力，挖掘这一独特的文化内涵可以更好地体现校园特色。校训的表现设计模式繁多，可以采用浮雕、景观文化石、LED电子屏等方式让师生更直观地感受到校园精神与文化。学校的校徽、名称也是学校文化积淀、归纳、提炼的体现。这是一种特殊的符号，可以进行延伸，设计师要做的就是在合适的位置使用这些符号，让这些承载学校历史文化精神的艺术元素融入到校园的每一个角落。

（2）校园中人员密集，在道路系统设计要考虑到交通疏导。校园内交通宜敞开，使行走其间的师生能观察到周围的自然景观和人文环境。车流经过时有开阔的视野，避免发生交通事故。除了主干道之外，应该在绿地中多考虑形式的变化，增加人在行走时的趣味性。园路和人行道的设计尽量与自然绿化结合规化，在满足交通和安全的前提下，保证校园景观的统一和整体，营造良好的道路景观。

（3）校园中的绿化设计非常重要。以往校园景观设计是侧重于校园构筑物的景观效果而忽视绿化带来的景观效果，这样是不全面的。在现在的设计中要增加绿化面积，通过立体绿化和平面绿化等手法来布置整个校园。校园景观以自然为主，注重植物的高度、颜色等方面的配置，以此提高校园景观的质量。

（4）校园景观小品是点缀校园景观、增加校园景观文化内涵的常见方式。在考虑到建筑尺度和人的关系前提下，增加一些合适的校园景观小品，可以展现现代校园所独有的个性特点。选择景观小品应注重生动性和多样化，同时也要符合人体工程学的要求，与人产生互动。

第二节　案例分析

成都理工大学新区的实际设计案例（方案作者：赵亮、胡旻）。

一、项目概况

成都理工大学新区方案的规划平面图（见图 3.1）将校园的室外空间划分为不同四个功能区，分别为室外阳光草坪区、滨水露天野餐区、休闲广场带、坡地读书区等。

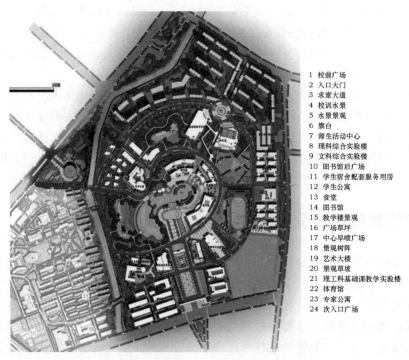

1 校前广场
2 入口大门
3 求索大道
4 校训水景
5 水景景观
6 旗台
7 师生活动中心
8 理科综合实验楼
9 文科综合实验楼
10 图书馆后广场
11 学生宿舍配套服务用房
12 学生公寓
13 食堂
14 图书馆
15 教学楼景观
16 广场草坪
17 中心旱喷广场
18 景观树阵
19 艺术大楼
20 景观草坡
21 理工科基础课教学实验楼
22 体育馆
23 专家公寓
24 次入口广场

图 3.1　成都理工大学新区规划平面图

图片来源：作者自制

二、总体规划

（一）功能分区

在校园空间尺度问题上，必然要考虑空间的功能，通过对学生的行为进行分析，来划分出合理的功能空间（见图 3.2）。

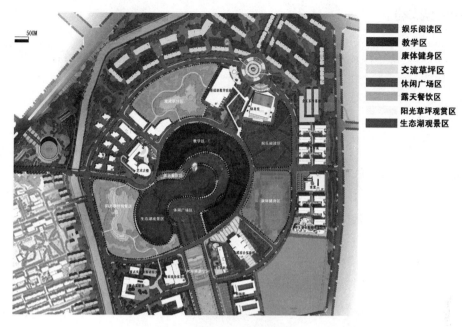

娱乐阅读区
教学区
康体健身区
交流草坪区
休闲广场区
露天餐饮区
阳光草坪观赏区
生态湖观景区

图 3.2　功能分区图
图片来源：作者自制

（二）空间范围服务于功能

必要的校园设施是不可少的，这样才能有条件使个人或者小的群体有安静的环境进行思考。利用亭廊作为体现小范围的学习交流空间之一，利用顶与柱形成空间的界定，从而达到围合性的空间（见图 3.3）。

图 3.3　休闲廊架
图片来源：作者自制

三、详细规划

本方案根据校园的户外休闲空间的功能要求，划分为阳光草坪、露天餐饮、休闲广场区等。

（一）阳光草坪区

首先记录校园日照情况，根据区域日照时长，将阳光草坪划分为全露天、半露天和全遮阴。本项目的阳光草坪区紧临湖水，通过在区域边界种植灌木、花卉及高大树木形成了复层围合结构，并在绿荫处增加休息桌椅，为师生创造了一个舒适的边界空间，为严肃理性的校园环境增添一份绿色与放松的开阔空间（见图3.4）。

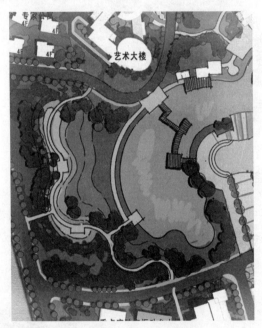

图3.4　阳光草坪区
图片来源：作者自制

（二）露天餐饮区

校园露天餐饮区是从室外进入建筑里的过渡空间，在周边种植一颗大型冠幅的乔木，从而形成林荫，消除午间就餐的直射热度，同时搭配种植一些低矮的灌木花草，让原有硬质的景观面得到弱化，为师生营造出开放明亮、自然清新、惬意放松的就餐环境（见图3.5）。

（三）休闲广场区

休闲广场区总规划面积为 4 000 平米。将平面的空旷场地设计为半下沉式广场（见图 3.6），打破空间的单一和沉闷，增强视野效果和空间变化，利用宽 50 厘米的踏面做梯步连接上下两个层面，同时也充当着服务休息的设施，提高实用性和利用率。台阶的高低、材质有强烈的秩序美与韵律美，在光影的强化下形成了独特的景观效果。下沉式的校园休闲广场在保持视觉连续的基础上丰富了校园的空间形态，也突出了空间的"不限定性"，下沉的广场除了承担日常锻炼、娱乐的场地外还可以变为舞台，台阶便是看台，充分满足了学生日常休息交流及观看小型表演的功能（见图 3.7～3.8）。

图 3.5　露天餐饮区
图片来源：作者自制

图 3.6　下沉休闲广场平面图
图片来源：作者自制

图 3.7　广场局部图 1
图片来源：作者自制

图 3.8　广场局部图 2
图片来源：作者自制

第三节　总结

一、小结

校园文化与景观设计是相辅相成的，校园文化是一所学校人文气质、价值观念的情感表达和信仰，为景观规划提供了丰富的设计素材和文化内涵，决定着设计风格的指向。优秀的校园景观设计能体现学校的人文历史和精神面貌，而失败的设计会让学校丧失自己的风格特质，降低师生的凝聚力，使其无所适从。

校园景观规划设计在景观设计中是比较有特色的种类，在做设计的时候一定要把校园的特点理解透彻，才能准确合理地进行设计。

主要可以通过以下几个方面来入手：

（1）首先要了解校园的所在城市的地域文化与特色，了解校园的办学背景。

（2）一所学校，必定会有独特的历史文化底蕴，这些文化底蕴一般体现在学校的建筑特色与某些特定的雕塑小品中，找到这些具有代表性的符号，对之后的设计会有直接的帮助。

（3）校园的景观布局需要根据实际功能来确定，包括各种建筑的使用性质，适用人群等多方面的因素。确定了景观布局之后才能进行深入设计，在空间上要远、中、近景层次分明。在植物搭配上要考虑土壤条件，是否适应当地气候，是否易于管理等多方面的条件。

（4）将根据现状材料与背景分析得出的校园主色调或者其他有代表性的元素应用到校园导示系统的设计中去，形成一套特有的属于本校自己的导示系统。在雕塑小品的选择上需要考虑应符合中心设计思想，与整个校园环境协调统一。

二、练习

（1）归纳周边地区的校园文化、学校精神。

（2）寻找此校园的代表性的符号或者建筑，如没有可以自己设计。

（3）完成此校园的景观改造方案。

第四章 广场景观规划设计

第一节 广场景观规划设计概述

一、广场景观的分类

（一）按照广场的功能性质分类

（1）交通广场：一般是城市运输的枢纽，由许多主干道交叉形成，对人流集散、车辆行驶、货流运输起着重要的组织作用，是城市交通枢纽网络中的重要空间。

（2）市政广场：一般规划建设在城市的行政中心区域，多与市政府、区政府等政府建筑共同建设。

（3）休闲广场：一般是供公众休息、娱乐、交流和其他活动的重要场所。同时，人们休息的座椅、花坛、雕塑、喷泉、游泳池和其他城市作品提供人们观看和使用。

（4）文化广场：一般有明确的主题，作用是展示城市深厚的文化意蕴和悠久的历史。

（5）古迹广场：一般结合城市考古发掘的遗迹和文物，在遗址区域内，在有效保护的基础上规划设计的城市广场，展示着该城市的繁荣历史与文明程度。

（6）商业广场：一般用于集市贸易和购物的广场。

（7）宗教广场：一般多表现宗教文化和建筑美，是信徒朝圣交流、游客观赏集散的公共空间。

（8）纪念性广场：一般建设目标之一是纪念历史重要事件或人物，将历史文物、纪念雕塑、纪念碑等标志作为广场的主题，并放置在广场的中心，加深对城市历史文化的体现和精神解读。

（二）按照广场的平面组合分类

广场的形成有自发和规划两种形式，但都受到地理环境、社会文化、功能需求等因素的影响，在平面组合的形态上表现为单一形态和复合形态两大类型。

1. 单一形态广场

（1）规整形广场：规整形广场是外形严整对称的几何形态广场，如方形广场、圆形广场等。

（2）自由形广场：自由形广场多集中在城市的居住区及商业区，没有固定的形制，具有灵活多变的特点，在规划时多顺应城市建筑与道路布局而建设。

2. 复合形态广场

（1）有序复合形态广场：有序复合形态广场的外形是由多种几何形态组合而成的，具有一定的规律可循。

（2）无序复合形态广场：无序复合形态广场的外形没有明显的规律，多结合原有地貌环境特点，在广场景观营造上更具多样性。

（三）按照广场的剖面形式分类：

（1）平面型广场：平面型广场与周边环境处于同一高差，通过雕塑、绿化、艺术地坪等方式来丰富空间层次。

（2）立体型广场：随着科技和城市的发展，广场不再局限于休闲娱乐的场所，也逐步被赋予丰富城市公共空间、缓解城市交通压力等新功能。立体型广场与城市主平面有着明显的垂直高差，可分为上升式广场和下沉式广场，能充分利用原地形基础增强广场观景效果，是对城市公共空间高效集约利用的体现。

二、广场景观设计的基本特点

（一）多功能复合

多功能复合作为广场景观设计的基本特点，是指广场景观设计既能成为城市经济文化发展的见证，又能在创造物质财富的同时反映文化特点。作为与公众联系最多的公共场所，需要符合公众的文化、物质、生活需要及审美要求，并通过设计手段使多功能广场成为城市功能机制的有效补充，同时多功能广场的景观设置应以辅助实现其他功能为基础，为广大市民提供一个愉悦、舒适、放松身心的城市广场。

（二）空间多层次

在设计丰富的景观层次中，把人类视觉空间和不可见空间之间相互连接，在其中使用植物、雕塑和喷泉等屏障将大空间划分为许多小空间，然后规划形成新的景观。

（三）对地方特色、历史文脉的把握

广场作为一个丰富城市文化、艺术和生活方式的公共空间，能让公众在短时间内了解城市的文化和精神，是人们对城市认知的一个重要节点。同时，作为城市空间构成的重点，它也反映了城市精神文明建设的程度。因此，广场景观设计不仅要了解地方特色、历史文化，还要分析整体城市规划的空间结构，要考虑土地布局、城市纹理、建筑空间、文化特征和生活方式等区域因素。

三、广场景观设计的基本原则

（一）贯彻以人为本的人文原则

1. 人在广场上的行为心理分析

（1）行为与场所

公共场所具有一种内在的心理力度，吸引和支持着人们的活动。从人的行为产生和发展的角度看，一切行为都来自于行为主体——人的自身需要和内因的变化，所以，调动人的内驱力，强化场所效应在广场设计中是很重要的。市民在城市公共空间的行为活动中，无论是自我独处的个人行为或公共交往的社会行为，都具有私密性和公共性的双重品格。只有在社会安定和环境安全的条件下才能安心地在城市公共空间中相处自如，若失去场所的安全感，则无法潜心静处，活动也无法展开。

（2）行为与距离

表 4.1 行为与场所距离

距离	场所
0.9～2.4 m	社交距离（普通谈话范围，人与人之间关系密切，可看清谈话者面部表情，可以听清语气细节）
12 m 以内	公共距离（可区别人面部表情）
24 m 以内	视觉距离（可认清人身份）
150 m 以内	感觉距离（可辨认身体姿态）
1200 m	可看到人的最大距离

如表 4.1 所示，人们在公共空间的行为活动同时具有私密性和开放性双重特点，如果公共空间只有开放性，那人们会失去安全感，必然不会有所停留。失去人们行为的空间并不能成为场所，此空间也就失去了本身的场所意义。

（3）行为与时间

在时间上，人对环境刺激的反应可以有以下三种表现。

①瞬时效应——"一目了然""尽收眼底""眼花缭乱"……

②历时效应——环境景物按一定的序列顺次展开，逐渐将人带入各个情景之中"步移景异"。

③历史效应——历史文脉积淀。

2. 人在广场中的活动规律分析

（1）活动方式：个体活动、成组活动、群体活动。

（2）活动内容：休息、观赏、游玩、散步。

（3）交往活动：公共交往、社会交往、亲密交往。

（二）突出个性创造的特色原则

具有个性特色的广场，会带给市民愉悦感和亲切感，让人们更愿意参与城市空间中，更热爱自己的城市。个性特色是指广场独特的内部本质和外部特征，主要体现在空间环境与布局形态上，这是区别于其他广场的根本。设计师需要洞悉一切与广场设计相关的因素，如功能、地形、周边环境以及在城市空间的地位，将这些因素做全面的分析，通过合理的设计让广场不仅具有地方特色并且能与市民生活有机地结合。

（三）可持续原则

城市广场的建设必须遵守可持续发展的生态原则。在广场建设之初，首先考虑其与周围生态环境的关系以及对生态的影响。此外，植物自身的生长发育与其生长的自然环境有着密切的关系，因此，广场植物在选择方面需考虑当地自然生态这一因素。

四、广场景观规划设计的建议

（一）注重广场防灾功能

随着城市化进程的逐步加快，现代城市人口规模越来越大，建筑愈加紧凑集中，广场的职能又有了新的补充，让其作为地震、火灾等灾难发生时附近居民避难疏散、救援安置的场所，承担着一部分防灾救灾的功能。在广场景观植物配置方面，尽量选择常绿、阔叶的耐火树种，并以广场周边为界，建立防火隔离带。同时，设置好消防水池、广播站以及夜间照明等必要设施。

（二）注重广场交通组织

广场的道路交通系统要与城市交通网络协调发展。在广场规划之初就要充分考虑到人流量给其周边区域带来的交通压力，通过人车分流等有效的交通组织，来保障广场交通的畅通无阻和游人安全。完善广场交通设施不仅需要设置好全面的交通方式，还需要设置好各种交通方式的路线选择、站点以及换乘系统。交通设施主要包括地铁、轻轨、车行道、步行道等。同时，随着城市有车一族的增加，越来越多的家庭选择私家车出行，这就要求在广场设计中考虑城市停车难的问题，合理规划区域，综合开发地下空间，适当设置停车场，但在广场主要休闲区域要严禁机动车辆的进入和停放。

（三）注重广场风格把握

广场设计的风格特征会受到文化、地域以及时代的影响，不同的文化、地域、时代让广场设计体现出不一样的生命力，呈现出不一样的文化底蕴和风格特征。避免出现千城一面、毫无特色的同质化设计，注重广场风格的把握，加强与当地居民的情感联系，设计出能使市民产生亲切感和归属感的城市广场，从而提升城市的功能和整体形象。

（四）注重社会价值、经济价值、自然（生态）价值

（1）由于城市广场的开放性与包容性，吸引各类人群聚集，在城市空间中会产生强大的凝聚力与感染力。城市广场是人们锻炼、跳舞、社交及暂时逃离城市喧嚣和社会压力的休闲场所，深受市民喜爱，满足了社会的需要，是城市公共服务体系的重要组成部分。

（2）城市广场的建设除了带动传统社会产业发展之外，还在无形中催生了一批新兴产业，如水景、灯饰等。同时，城市广场作为不动产，也吸引了各式各样的投资与发展，这些都促进了当下国民经济的整体循环。

第二节　案例分析

以泸县龙城文化广场景观规划设计为例（方案作者：杨潇、高加双）。

一、项目概况

（一）项目背景

泸县位于中国四川省泸州市，属于川南盆地，境临长江、沱江，北邻隆昌、重庆市荣昌县，东毗合江、重庆市永川市，西临富顺，南接泸州市龙马潭区，是川滇、川黔陆路的必经之地，项目基地位于泸县县城城西副中心内，是泸县的城市新区项目。总用地面积为 63 625.15 平方米，参与用地指标平衡的净用地面积为 46 805.30 平方米。泸县最早建县于西汉的汉武帝时期，至今已有两千多年的历史，自古风景优美、位置险要，历史悠久，被誉为"千年古县"之一。

（二）区域背景

"五路一桥"组成泸州北部交通，"三园两带"多种产业并驾齐驱，"一城多镇"与主城区同步发展，将 6 平方千米城西新区作为全市样板工程打造。完善城西骨架路网等基础设施，建设龙城演艺中心、湿地公园、体育中心、市民活动中心等公共服务项目。

二、现状分析

（一）基地改造分析

原始基地以自然未开发的状态呈现，以山地和湖面为主，乔木等植被较少，人流量小。而经过改造以后，基地呈现丰富的空间形态。通过建筑带动此地区的主要人流，并且通过下沉广场以及一些构筑物来增加景观立面的丰富程度，并且对植物的种植进行了合理的规划，改善了原始基地植物并不繁茂的状态。无论是对周边景观还是基地的生态环境，都起到了维护自然和谐的作用（见图 4.1）。

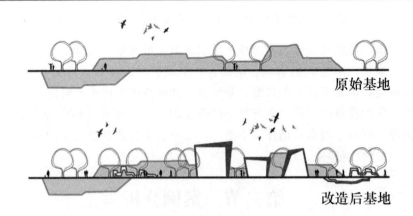

原始基地

改造后基地

图 4.1　基地改造分析

图片来源：作者自制

（二）人流量分析

由于方案所在地为未开发地块，因此以荒地和山地为主，人流量稀少，并且比较分散，较为集中于主道路附近区域。

经过景观规划后，此地块的人流量呈现上涨趋势，并且主要集中于广场入口、露天茶楼以及天桥等区域，长廊等灰空间也相应地吸引了很多人流（见图 4.2）。

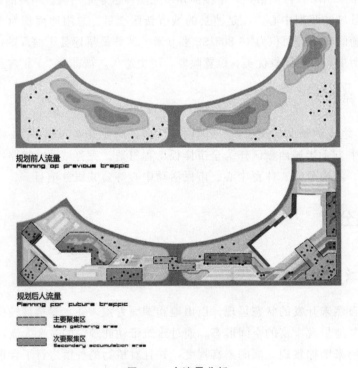

图 4.2　人流量分析

图片来源：作者自制

（三）空间形态分析

如图 4.3 所示，此区域为室外茶室空间，在原本的空地上进行对空间的排列与叠加，通过对室外茶室功能的分析，设置了以木平台与植物相结合的空间结构，运用绿化将木平台茶室空间与周边道路有所隔离，让茶室形成相对隐蔽的灰空间，为其中的人们提供相对宁静的空间环境。道路两侧的植物带与铺装都相互呼应，以带状形式呈现，相互和谐。

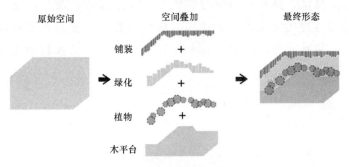

图 4.3　茶室空间形态分析

图片来源：作者自制

如图 4.4 所示，此空间为长廊空间，在原始空地上进行分割与排列，由于设计的廊架为直线拼接的形式，因此周围的道路与路滑都是以廊架形式延伸出来，道路也与廊架形态一致，以条线呈现，因此周边绿化也自然形成有规律的斑块状，也与地块内部和周边相互贴合，经过规划设计的空地，呈现出层次感与功能性。铺装、廊架、草皮、植物共同结合增加了空间层次，并且软质与硬质界面相互融合。此地块作为一个过渡空间，在功能上主要秉承灰空间的功能，人们既可以经过也可以停留。

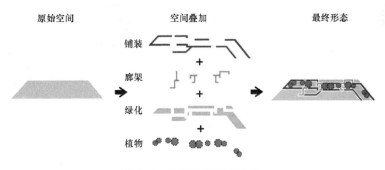

图 4.4　长廊空间形态分析

图片来源：作者自制

三、总体规划

（一）设计理念

在设计中，充分研究了泸县历史资源与文化特色，项目设计要充分吸取泸县龙文化、石刻文化元素。在高品位、高起点的项目定位上，既体现泸县深厚的文化底蕴，展示泸县的文化特色，也考虑与现代文化发展相适应，使该项目建设成为泸县城西副中心城市文化艺术的地标性景观，使其成为融历史文化和现代文明为一体的独特城市风格和城市魅力的名片（见图4.5）。

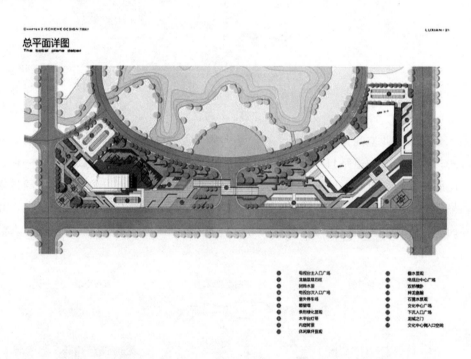

图 4.5 总平面

图片来源：作者自制

（二）设计表达

项目的景观灵感来源于"龙"。从九曲河延伸出自然山水中的"龙"，蜿蜒曲折的河流盘踞于土地上，仿佛像巨龙一般穿梭于山野中，代表着山河中的"龙脉"。龙脉的聚集处，则为城市修建发展的地方，泸县就是建立在"九曲河"这样的"龙脉"之上。又从自然山水中的"龙"延伸到文化艺术创作中的"龙"、甲骨文中"龙"的写法、古人臆想中"龙"的形象，设计师希望通过这样一个带有中华传承的象征体来延续历史文化资源（见图4.6）。

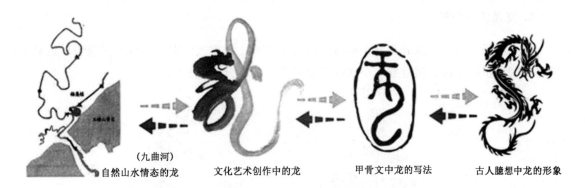

（九曲河）　　　　　　文化艺术创作中的龙　　　甲骨文中龙的写法　　　古人臆想中龙的形象
自然山水情态的龙

图 4.6　设计表达
图片来源：作者自制

（三）规划布局

1. 功能分区

根据地形北高南低的地势现状，以及周边业态的分布情况，将整个园区划分为五个主题分区，分别是"内庭空间""广场空间""停车空间""建筑空间"与"绿化空间"。各个分区之间互相联系，彼此穿插，为游人提供多样的观景体验（见图 4.7）。

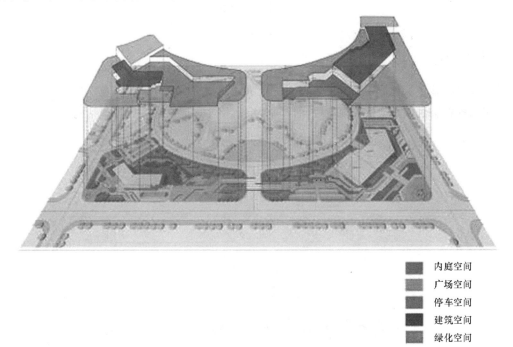

■ 内庭空间
■ 广场空间
■ 停车空间
■ 建筑空间
■ 绿化空间

图 4.7　功能分区
图片来源：作者自制

2. 交通流线分析

整个广场的道路大致分为五个部分：城市主干道、城市次干道、区域消防通道、区域主要道路、区域步行小路。通过五个层次的交通道路将人车分离（见图 4.8）。

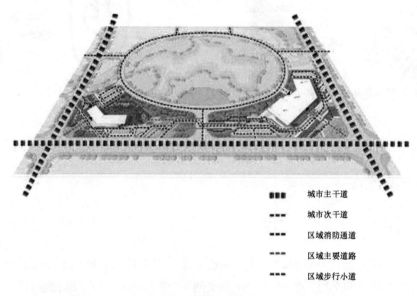

城市主干道
城市次干道
区域消防通道
区域主要道路
区域步行小道

图 4.8　交通流线分析
图片来源：作者自制

3. 景观框架

从本项目的整个景观框架结构上来看，主要分为四个层面，分别是乔灌木层面、灯光和家具层面、视觉景观层面以及软景和硬景层面。每个层面相叠加形成最后的景观结构（见图 4.9）。

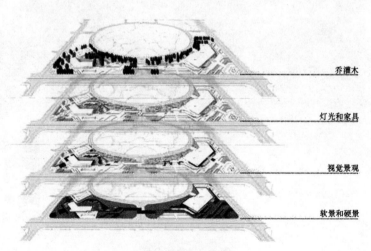

乔灌木

灯光和家具

视觉景观

软景和硬景

图 4.9　景观框架
图片来源：作者自制

4. 景观视线分析

根据整体规划，本项目将景观节点分为三个主要景观节点、两个次要景观节点，它们相互穿插，形成了东西与南北方向的景观视线轴线，呈现出景观的节奏感（见图 4.10）。

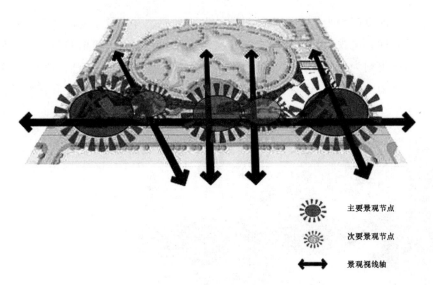

主要景观节点

次要景观节点

景观视线轴

图 4.10　景观视线分析
图片来源：作者自制

5. 竖向分析

因为此项目为文化广场项目，整体以开阔平坦为主，所以此项目在竖向高差上变化不大。该项目主要高差变化在于叠水景观、下沉广场以及中部的双向桥梁（见图 4.11）。

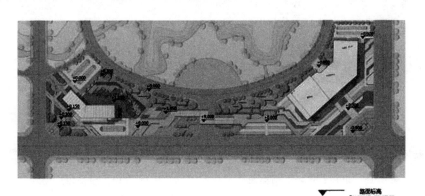

路面标高
Pavement elevation

图 4.11　竖向分析
图片来源：作者自制

四、详细设计

（一）电视台广场区

电视台区域主入口以硬直广场为主，以中轴对称的形式呈现，并设置了龙脑景观石柱，以传达"龙"在泸县的重要性，电视台建筑周围以树阵水景围绕，作为对建筑的映衬。建筑后方入口由于面向湖面，因此规划为休闲宽阔的草坪地带，供人们休憩。靠近建筑区域形成内庭景观，主要以室外露天茶室为主，周边搭配树池，而植物与铺装的变化呈现出相互和谐穿插的效果（见图 4.12～4.19）。

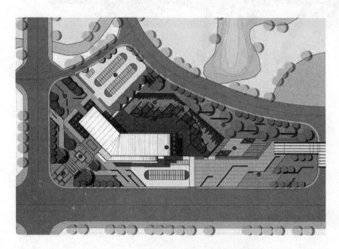

图 4.12　电视台广场区
图片来源：作者自制

图 4.13　电视台广场区剖面图
图片来源：作者自制

图 4.14　电视台广场入口
图片来源：作者自制

图 4.15　电视台龙脑景观石柱

图片来源：作者自制

图 4.16　室外茶室

图片来源：作者自制

图 4.17　瞭望塔

图片来源：作者自制

图 4.18　电视台广场次入口

图片来源：作者自制

图 4.19　叠水景观

图片来源：作者自制

（二）文化中心广场区

　　文化中心广场入口以下沉广场的形式吸引人群，并在临近路边的一面采取坡地的形式作为残疾人通道，方便残疾人通行。在下沉广场中设计了以龙为形态的雕塑小品，以方形和折线的排列表达龙的动态，也包含着泸县龙城的寓意。在建筑主入口处设置了镜面水池，并且融入与泸县相关的、能够代表泸县文化的文字，当人们驻足时能够通过这些文字联想到泸县文化。整个文化中心广场平面以折线形式分割，小品构筑物也采用折线，例如，次区域的廊架。以折线形式排列不仅符合整个方案风格，而且其盘旋、转折的形态，仿如一条条盘龙一般，盘踞在大地之上，蕴含当地文化（见图 4.20～4.27）。

图 4.20 文化中心广场区

图片来源：作者自制

图 4.21 文化中心广场区剖面

图片来源：作者自制

图 4.22 龙城之门

图片来源：作者自制

图 4.23 镜面水景观

图片来源：作者自制

图 4.24 景观廊架

图片来源：作者自制

图 4.25 文化中心广场

图片来源：作者自制

图 4.26 双桥横卧

图片来源：作者自制

图 4.27 双桥横卧

图片来源：作者自制

第三节 总结

一、小结

开放的广场空间为市民休闲锻炼、开展活动提供了必要场地，成为了城市居民户外精神文化活动的中心，优秀的广场景观规划可以承载一座城市的精神品质，激发城市活力，还能形成独具魅力的广场文化，在满足群众精神需求的同时，也对社会的稳定与社区的和谐起到了积极的作用。

本章所学习的是广场景观规划设计，在设计的时候一定要注意以下几点。

（1）广场景观规划设计不仅是对所在场地进行建设和改变，同时也是对传统历史文化和城市生态环境的利用与创新，必须重视历史文化遗产的保护。对传统的特色建筑、悠久的历史街道以及古老的空间格局都能够从细节到尺度上予以最大的尊重和保护，使广场景观保持历史文化的韵味。

（2）设置基础设施、提供休闲舒适的环境也是广场景观规划设计中应当注意的。把握好广场景观设计的环境艺术特征，通过多种景观手法和形式将绿地、水体、铺装、构筑物以及小品等精心合理地进行规划设计，为人们提供具有生活气息和文化氛围的广场景观。

二、练习

（1）调研周边城市广场的景观设计状况，写出有关当地城市广场景观现状的调研报告。

（2）选择一个自己认为有问题的城市广场景观进行重新设计。

第五章　滨水景观规划设计

第一节　滨水景观规划设计概述

城市滨水区一般是指城市中陆域与水域相连的一定区域的总称，其一般由水域、水际线、陆域三部分组成，是自然景观在人为打造下的符合城市审美特征与文化特色的景观规划设计。根据不同的水体特征，可以将滨水区建成滨海、滨江、滨河、滨湖等景观区域，并将其作为城市公共敞开空间，这些空间是自然生态系统和人工建设系统相互融合而成的。

通过了解城市的发展史可知，许多城市因为水体而产生，也因为水体而兴旺。城市的滨水区是城市独特的资源，是构成城市骨架的重要元素和核心活动空间。近年来，滨水地区的重建和再开发成为许多城市应对城市社会经济结构转型和全球竞争的重要手段，其开发建设可以增强城市的可识别性，成为城市新的活力点。

城市滨水区在景观规划设计行业中属于比较复杂的一类，因为它所涵盖的内容相当丰富，水、陆、水陆交界都有。水包含了江河湖海，陆囊括了多种城市形态，水陆交界又分自然式、人工式和结合式等形式。

一、滨水景观的分类

城市滨水景观从建设活动来看，大致可以分为开发、保护和再开发三种类型。

从土地使用功能角度来看，城市中与滨水区相连的用地种类众多，如城市居住区、中心商业区、城市生态保护区等，但一般情况下，滨水区多位于城市中心地带。

从规划用地的自然属性看，滨水区可分为水域区、公园区和公共区。

滨水区设计类型可分为自然生态型、防洪技术型和城市空间型。根据规划任务及滨水区的具体特点灵活使用它所适合的分类标准。

二、滨水景观的特点

（一）滨水区对人类有着综合而强大的吸引力

其原因我们可以归结为：（1）滨水空间往往伴随富于变化、优美自然的景观环境，例如杭州西湖、巴黎塞纳河以及其他众多的滨海度假胜地；（2）水是孕育万物的必要条件，具有原始的吸引力；（3）有些与水相关的地区在精神层面上同样吸引着人们，如蓬莱三岛等。

（二）滨水区的开发利用对城市发展意义重大

城市多兴起于滨临江河湖海的水源地：一方面水源充足是必要的生存条件，另一方面水系发达也是繁荣发展的有利因素。

城市滨水区是城市独特的资源，很多情况下它会成为城市发展的核心和整个城市空间结构的重点。近几十年来，滨水区的开发与建设对众多城市的经济转型和发展起到了重要的作用。滨水区所承担的城市功能主要包括以下三个方面。

（1）滨水区是构成城市开放空间的重要组成部分。大部分大型公园、广场和开放空间都与各种类型的水体关系紧密。

（2）滨水区拥有营造良好生态环境的先天优势。水系是重要的生态廊道，对滨水区的自然资源善加利用，易于形成宜人空间，易为工作、学习以及生活等城市活动提供良好的基本条件。

（3）良好的环境在经济层面上能起到更为重要的作用。滨水区往往成为旅游、商务等经济活动的重要区域。

三、滨水景观规划设计的原则

滨水区具有极大的综合性和丰富的内涵，因此其规划设计的原则也应多样化，总体可归纳为以下三点。

（1）在保证防洪、生态安全等工程要求的前提下，坚持可持续发展的原则，建立一个丰富优美、宜人舒适的景观环境。这也是滨水区发挥自身天然优势的地方。

（2）结合城市总体规划要求，满足旅游、商务、休闲等具体功能需要。多数滨水空间项目涉及城市用地性质的重组和变更，应注意用地性质及功能变更后的新要求。

（3）前面提到滨水区域很多是较早发展起来的地方，因此可能涉及历史文化建筑的保护问题，应满足保护与新建相协调的原则。

四、滨水景观规划设计的建议

（1）除非特殊情况，否则防洪安全绝对是滨水区项目的第一考虑要素。在规划设计的过程中要充分考虑防洪线、防洪工程等要求，不可为追求景观效果轻易改变此类要求。

（2）由于滨水区的城市功能相当复杂，因此应针对具体情况提出对应的规划设计方案。

（3）考虑到滨水区的特性，临时性建筑和永久性建筑应合理布局。特别注意，如设计有滨水区的地下空间应注意防渗处理。

（4）水工的堤防一般考虑到景观效果的很少，应多考虑如何将自然式驳岸和工程式驳岸相结合。

（5）水体在带来良好景观生态环境的同时，往往也伴随着交通的不便，包括带状滨水空间长轴的交通和跨越水体的桥梁都容易出现问题，架设桥梁的造价一般也比较高昂。因此道路规划和交通组织也应更为谨慎。

（6）城市中的水系还时常伴有饮水处理厂和排污等问题，一般情况下都会有明确的硬性要求。

（7）滨水区项目涉及的植物种类更为丰富，包括水生、陆生和湿地植物等，在进行植物配置时要求更广泛的品种选择。

（8）一些湿地等类型的项目因为规划主题对生态的敏感性，对植物会有比较严格的要求，有时还要考虑动物的生态廊道问题。

第二节　案例分析

一、案例一

以贵州草海候鸟栖息地景观规划设计为例（方案作者：高加双、胡旻）。

（一）项目概况

项目背景：项目地草海位于贵州省毕节市威宁县，北靠蓄水水坝下游的大桥，西接马家梁子山、孔家山一线，南临笔架山、王家大山，东抵烈火庄、沈家大山，东以鱼市路为界，紧邻威宁县城。项目设计的区域主要分为两个部分：一部分位于草海自然保护区西海码头，另一部分是阳关山和小江家湾围合的区域。

（二）现状分析

1. 区位交通分析

草海自然保护区与威宁县城接壤，距省会城市贵阳约 346 公里、毕节市 176 公里、六盘水市 70 公里、云南昭通市 120 公里。外部交通系统主要分为三类：民航、铁路、公路。民航方面主要依托贵阳龙洞堡机场、昭通机场以及在建的毕节市、六盘水市机场。铁路主要依托现有的内昆铁路、贵阳至六盘水快速旅客列车以及在建的威吉铁路。公路方面主要依托 326 国道、102 省道以及在建的水城至威宁、毕节至威宁高速公路。

2. 周边环境分析

保护区大部分被草海水域占据，在东北方向老城区及水域周边散布着居民用地。据调查显示，城区的建筑布局不合理、排污系统不完善。另外海拔相对较高的山丘分布着林地用地，而耕地用地环绕着草海水域四周，并对水域造成严重污染。草海核心区水质较好，已开发的区域主要集中在北岸和东岸，中心区域和南岸处于未开发的自然状态，有利于形成独立完整的自然景观体系。基地以水体为中心依次向耕地、居住用地、土丘、林地过渡，其中耕地和居民的生活垃圾对水体污染较大，这些污染物没有经过过滤系统直接排入核心保护区，对保护区的环境和水质影响重大（见图 5.1、表 5.1）。

基地周边风景秀丽，除了稀有珍惜保护动物及草海湖湿地的优良景观元素以外，供游客乘船的西海码头新农村建设的幸福小镇，俨然是独特的风貌，再加上威宁是一个多民族聚居的区域，各种少数民族特色古楼，及各类寺庙都为草海添加了人文气息。

图 5.1　周边环境分析

图片来源：作者自制

表 5.1　保护区的优势资源项目

表格来源：作者自制

景点类型	景点名称
地文景观	张家树林—谢家桥山—大庆头—徐家梁子缓坡山地
	裸倮山、阳关山、白家咀三岛
水域风光	草海湖（湿地）
生物景观	刺柏林、华山松林、云南松林
	滇杨林
	杜鹃花
	黑颈鹤
天象与气候景观	草海日出、草海余辉
	雾锁草海
	避暑气候
	阳光日照
人文活动与商品	地方农副、土特、手工艺等旅游商品
	火把节、花山节等少数民族节庆
	乌蒙欢歌和撮泰吉等民间艺术
	草海观鸟节

3. 基地态势分析

（1）优势

草海因水草丰茂而闻名，孕育着丰富的物种资源，其中以黑颈鹤为代表的候鸟越冬的优势景观最具特色，且多民族聚居使得民俗文化底蕴丰厚。因此，草海具有自然生态环境、特色的动植物群落、民族文化等优势景观元素。

（2）劣势

①当地农民利用自然资源保障生存所需，使得湿地资源的保护工作受到了阻碍。②草海缺乏规范的旅游管理机制。③由于保护区的建设资金支持力度不够，导致其工程设施建设滞后，旅游服务基础设施相对薄弱。

（3）发展机遇

国家大力宣传生态环境建设并且颁布了保护野生动物栖息地的法律法规。草海湿地旅游开发价值较高，拥有巨大的市场潜力，可以在兼顾自然环境保护的前提下对湿地进行低影响开发，包含湿地体验、科普教育、观赏娱乐、科学考察等活动。加上草海的交通得到改善，极大地增强了威宁草海旅游的可进入性，给威宁旅游经济发展带来勃勃生机。

（4）挑战

①草海保护区湿地为集体所有制土地，当地居民自古以草海自然资源为生，这与湿地的保护相冲突。②草海湖周围耕地面积不断扩大，农药和化肥的使用量逐渐增加，致使水体被污染越发严重，再加上威宁县城的垃圾和污水的处理方式不完善，都给草海湿地的开发带来不小的挑战。

4. 候鸟活动场地分析

在项目基地中鸟类主要在水岸周边区域活动，场地主要分为活动廊道、觅食区、营巢区、核心栖息地（见图5.2）。调查显示这些区域的生存环境存在着不足。（1）区域内湿地权为集体所有，因此大部分农民在湿地核心区仍然占用土地用于农作，严重地压缩了鸟类的活动空间。（2）草海湖周边临近居民区的水域水体状况较差，没有合适鸟类的觅食场所，且驳岸形式单一，不适宜水生动植物生活。（3）林地被耕地取代，造成护林带的严重缺失。一方面，鸟类生性较为敏感并注重栖息环境的隐蔽性，茂密的护林带能为鸟类提供庇护场所；另一方面，鸟类的生存环境与人类的居住环境相互叠加，鸟类的活动受到人为的干扰，防护林能够起到屏障的作用（见图5.3）。

图 5.2　候鸟草海活动的分布
图片来源：作者自制

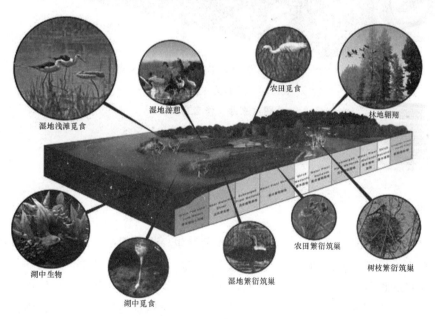

图 5.3　草海湿地生态系统候鸟活动
图片来源：作者自制

5. 草海湿地食物链研究

查阅鸟类生活习性及其栖息环境的相关资料可知，要营造鸟类的栖息地，首先要考虑其食物的供给关系（见图 5.4）。植物的组织器官、谷物、爬行类的两栖动物、昆虫、鱼虾等都是鸟类的食物来源，根据食物链的罗列对鸟类栖息地进行修复性设计，从恢复水体微生物的培育到各级食物链对象的维护，以递进的方式进行针对性修复。

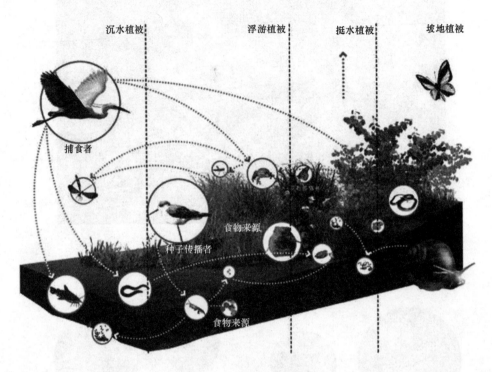

图5.4　鸟类为主的食物链

图片来源：作者自制

（三）总体规划

1. 设计理念

项目的设计理念主要围绕着"生态稳定、和谐共生、人水相亲"的主题。草海自然环境中生存的动植物本不该被人类活动侵犯，但人们依旧向往与自然和谐共生，因此解决人与鸟争地的矛盾是本项目的设计任务之一。怎样修复已被破坏的生态环境，如何提高城市形象和经济发展水平，是本项目其他的设计任务。从景观设计的角度对栖息地的食物链进行维护，从而提高鸟类生存环境的各项指标，达到人鸟共生的设计理念（见图5.5）。

针对基地存在的问题，应对的设计方式如下。

（1）增加湿地和绿地面积

通过放水达到设定的水位线、增加浅水域的植物群落，为鸟类提供更多的栖息平台；建设用地中设计的建筑物或构筑物可以部分采用绿色屋顶及垂直绿化。

（2）实现水体净化

通过分散式污水处理系统、植物的自净化系统等实现水体净化。地面停车场及建筑物周围可通过添加雨水花园的净化系统实现雨水的收集和利用。

图 5.5　设计理念
图片来源：作者自制

（3）鸟类栖息地的保护

除了草海核心区的隔离维护外，草海入水口及阳关山林地都需作为鸟类栖息地进行修复设计，林地区域仅设计两条穿过居民区或服务区的步行道，湿地区域通过增设木栈道能在一定程度上减少人对湿地环境的干扰。

（4）传播生态意识

在步行街区设计鸟类生态保护的展览馆，并在户外设计一些参与性的展示空间，设置宣传栏作为展示自然魅力、传播生态意识的媒介。

2. 设计表达

栖息地的保护一直是各个学科研究的重点，针对不同地域的特点设计出最佳的生态修复方案，以保证区域内生态的平衡和稳定的发展。基于草海候鸟栖息地的现状及存在的问题，以政府提出的栖息地修复策略为主导，整理出生物廊道规划、栖息地植物营造、水环境的营造等常用的生态修复办法，配合当地政府对水资源、生物多样性、土壤资源的保护措施及噪声污染和固体废弃物的合理处理方式，将草海候鸟栖息地的生态环境修复到最佳状态，为后续的景观设计打下坚实的基础（见图 5.6）。

3. 规划布局

（1）功能分区

根据项目基地的用地性质可以分为自然人文旅游线和商业旅游线，自然人文旅游线是阳关山湿地体验区域，主要设计林地的游览路线、湿地体验栈道、民族风情体验区、高地观景塔及鸟类活动廊道（见图 5.7）。商业旅游线位于草海自然保护区的西海码头，主要设计草海旅游观光的游客服务中心、步行街、观鸟走廊、草海管理码头、水体净化系统（见图 5.8）。

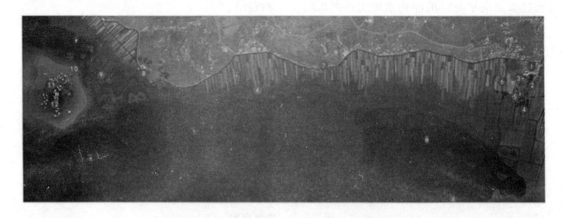

①草海码头商业古镇　⑦道路设计示范段
②水处理塘床系统　　⑧阳关山景观游览服务区
③草海码头木栈道　　⑨湿地景观服务区
④水处理系统　　　　⑩阳关山游览步道
⑤草海码头乘船区　　⑪阳关山民族村寨
⑥梯田景观　　　　　⑫阳关山景观塔

图 5.6　项目总平图
图片来源：作者自制

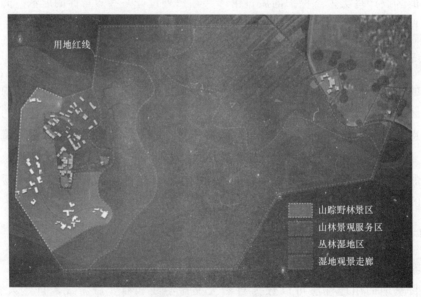

图 5.7　阳关山湿地景观的功能分区
图片来源：作者自制

（2）空间竖向分析

保护区在地质构造上位于黔西山字形西翼反射弧、威宁—水城大背斜向北弯曲的顶端部位，其地势西、南、东三面较高，尤其西面的张家大山一带地势更高，成为威宁地区的"屋

湿地观鸟走廊
次入口节点景观
码头特色步行街
特色主街区
鸟类科普展览馆
主入口节点景观
湿地净水处理展示区
停车场

用地红线

图 5.8　草海码头的功能分区
图片来源：作者自制

脊"。地势自盆地中心向北逐渐降低，成为草海湖盆的泄水方向，湖盆地势平，坡度 0.1％～
3％。湖盆周围为高原缓丘（溶丘）地貌，地势起伏不大，多平顶状或浑圆状岗丘，相对高差
在 50 米以下，海拔 2 200～2 250 米，属于湖盆中最低级的剥蚀面，缓丘盆地或洼地彼此连片，
第四系覆盖层比较厚。湖盆外缘地形起伏较大，相对高差达 50～100 米，地面坡度 15°以上，
山峰岭脊海拔多为 2 400 米左右（见图 5.9）。

（3）驳岸类型分析

滨水湿地区：多为自然驳岸，景观视线良好，风景优美，亲水性强。

自然山地景观区：遍布林地，周围被耕地占用，污染较强，绿化形式较为单一，多为带状
绿化。

停船码头区域：停船码头为游船提供停泊的场所，是区域内游客活动较为密集的地方，也
是污染最为严重的地域（见图 5.10）。

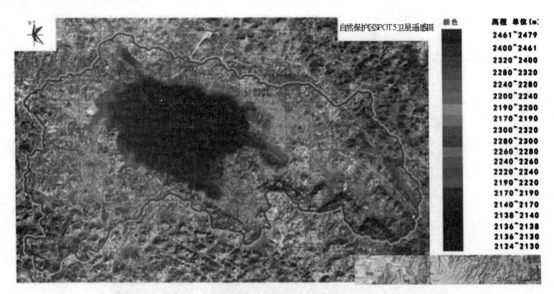

图 5.9　空间竖向分析

图片来源：作者自制

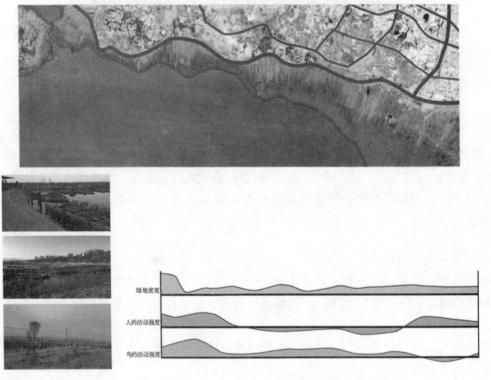

图 5.10　驳岸类型分析

图片来源：作者自制

（4）廊道规划

①栖息地游览步道的规划

本项目规划了两条供游客游览的步道，位于西海码头的观湖木栈道，能近距离欣赏湖景、观赏水禽，还能看到水体净化装置的全貌，了解污水净化的全过程。位于阳关山的游览步道是滨湖水域和环山的木栈道，游览路线中设计了亲水平台、游客服务中心、民族风情部落体验区、观景塔等一系列配套的公共服务设施（见图5.11）。

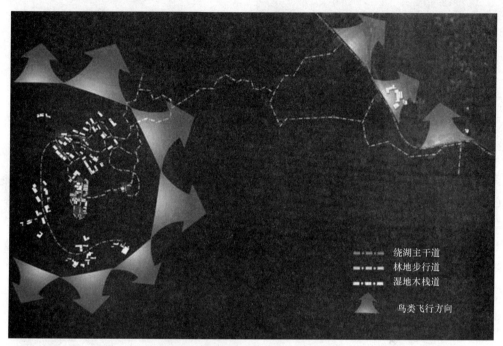

图5.11　栖息地游览步道的规划
图片来源：作者自制

②候鸟活动廊道的规划

候鸟的活动廊道是为在草海地区越冬的候鸟而设计的，廊道采用景观绿化节点的方式连接，规划长度约3公里，平均宽度为20米，其中耕地面积较多，其次为山丘、林地、湿地。方案中针对部分鸟类活动廊道进行了改造（见图5.12）。改善原有道路的结构形式，增加道路两边的绿化率，采用冠幅较大的行道树，期望达到的理想状态是鸟在林中飞、人在林下走。另外方案中为保证鸟类的食物来源和活动场地的面积，统一栽种鸟类喜欢的植物和农作物，并改变部分耕地的形式。

（四）详细设计

1. 草海西海码头乘船区

草海西海码头的乘船区是该区域设计的重点，也是码头景观特色展示的一部分。在原有乘船区规划的基础上添加了特色休息亭，其形态构思以鸟群在空中飞行的形态为样本进行分解及整合，建筑形式归纳为三角形的叠加形式，以红色为主要色调突出地域的民族风貌，给人鲜明、简洁、明快之感（见图 5.13）。

图 5.12　鸟类活动廊道改造图

图片来源：作者自制

图 5.13　码头乘船区鸟瞰

图片来源：作者自制

2. 特色滨水瞭望台

图 5.14　上升式设计的瞭望台

图片来源：作者自制

草海的总体景观设计中有许多观景台和瞭望台的设计，一方面它是防止人们进入候鸟的核心活动区而进行的低影响设计，另一方面是为了满足人们观赏全景的愿望。利用三角形全局观望的上升式设计的瞭望台（见图 5.14）、阳关山塔型聚落式观景塔及鸟巢形式的观景亭（见图 5.15～5.16）来欣赏景色，这些设计构思来源于鸟巢的网格形式，造型简洁、明快。

图 5.15　聚落式观景塔

图片来源：作者自制

图 5.16　鸟巢形式的观景亭

图片来源：作者自制

3. 水体生态修复净化系统设计

（1）人工湿地塘床系统

草海位于河流上游，其水源是由小溪和泉水汇聚而成。而这类小溪的水量会随雨季的变化而变化，属于季节性河流，这势必会影响草海水位的高低，对草海的扩地放水计划造成了阻碍。再加上草海的水源一直相对闭塞，污染源众多，造成水污染严重。为了保证草海的储水量，针对这些问题设计水体净化系统（见图 5.17）。

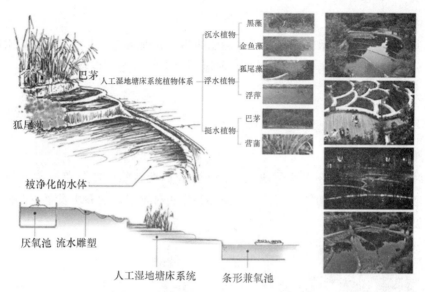

图 5.17 人工湿地塘床系统结构流程

图片来源：作者自制

　　水体净化系统是草海码头生态净水流程的展示区，首先码头周围的耕地需按面积比例安置沼气池并分设引水渠，在核心展示区采用鱼鳞形式叠加，形成多个植物塘的净化池，最下层形成较为开阔的植物床，使其自然形成较为丰富的生物群落。水体经过沉淀、吸附、氧化、还原、微生物分解、动植物吸收等过程，使经过污水处理系统的待净化水体得到深度净化，这一过程包含厌氧池—爆氧池—兼氧池几个生态净化流程。得到净化的水体可以用于养护周边其他植被，也可以作为景观的观赏用水（见图 5.18）。

图 5.18 草海码头生态净水流程

图片来源：作者自制

（2）多功能污水处理池

草海码头的生态净水展示区还设计了多功能的污水处理系统，可根据净化后水源的用途来确定具体的实施办法，具体有太阳能污水处理池、雨水蓄水池、生物培育池等污水净化方法（见图5.19）。

4. 生态修复的驳岸设计

（1）自然驳岸

由于草海面域广阔，有许多荒野地域鲜为人知，因此自然驳岸是草海常见的湿地驳岸形式，为了保证自然驳岸生态功能的完整性，需要在岸边种植耐水的乔木及草本共同构建驳岸的固岸系统（见图5.20）。

图 5.19　多功能污水处理池　　　　　　图 5.20　自然驳岸

图片来源：作者自制　　　　　　　　图片来源：作者自制

（2）湿地植物驳岸

湿地植物驳岸位于码头和湿地恢复区域，是自然和人工结合的形式，但是这类驳岸没有明显的水陆交界，湿地植被贯穿了岛屿或半岛，形成无数个小溪和洼地，植物种类主要有芦苇、菖蒲等湿地常见植物（见图5.21）。

图 5.21　湿地植物驳岸　　　　　　　图 5.22　亲水驳岸

图片来源：作者自制　　　　　　　　图片来源：作者自制

（3）亲水驳岸

亲水驳岸是为游客提供近距离观赏湿地景观的设计方式之一，最主要的设计形式就是木栈道和滨水观景台（见图5.22）。

二、案例二

以德昌县安宁河滨水景观规划设计为例（方案作者：田勇、王润强）。

（一）项目概况

1. 项目背景

本项目位于四川省凉山彝族自治州德昌县城新城规划区内。德昌县地域面积为 2 288.35平方公里，是四川傈僳族人口最多的县城。该地区阳光充足，自然条件得天独厚，农业发达，是建设绿色食品以及度假、休闲、居住、游憩的理想之地。本项目的具体设计范围是贯穿德昌县城的重要水系——安宁河的河岸滨水绿化景观设计。当地政府希望在安宁河靠县城城区的一侧修建一座供县城居民生活休憩的滨水绿化公园项目。

2. 周边资源条件

本次景观规划用地的具体区位位于安宁河彩虹桥以南，县规划二桥以北的西岸河段。此河段位处德昌县城中心辐射区，德昌县城的旧城区密集于县城市西北方向，距离规划用地仅三公里距离。紧靠规划用地一侧的为德昌县城新城规划区，此区域主要用于建设商业区与住宅区。

项目用地紧邻安宁河河堤，北望凤凰村、张家湾田园湿地，南接沙湾沟，东南面群山环绕，东眺德昌坡市政公园，公园为大片郊野山林，山体巍峨挺拔，是得天独厚的天然景观资源。整体山水环绕，自然生态条件良好（见图5.23）。

图 5.23　凤凰村与张家湾田园湿地
图片来源：作者自制

图 5.24　德昌新城规划一桥
图片来源：作者自制

项目一侧邻安宁河水系，其余三面与县城主干道凤凰大道、香城大道、滨河大道相接。另外城南大道连接规划一桥，自西向东横穿项目基地。后期当地居民可以非常便捷地到达项目用地，整体对外的交通资源非常良好（见图5.24）。

（二）现状分析

1. 用地范围现状

项目全长约1.8公里，从道路到安宁河防洪堤最窄宽度为30米，最宽宽度为120米；用地范围内安宁河最宽河段距离为1 630米。整体景观用地红线面积约104 200平方米（见图5.25）。

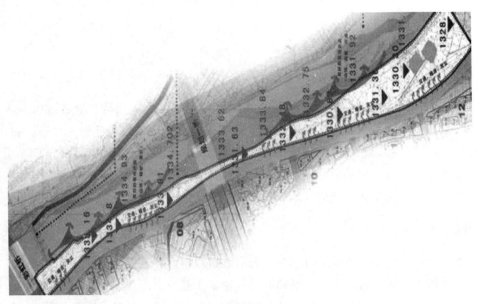

图 5.25　项目红线范围

图片来源：作者自制

2. 用地地理形态现状

项目西北侧地势较高，东南侧地势较低，整体地势相对平坦，整体平面形态呈北窄南宽状。北段场地形态相对笔直，廊道宽窄均匀，场地内有菜田、台地，身处场地内，北望可观壮观的水坝景观，东望可见郁郁葱葱的原始山林。项目南段场地比较宽阔，最宽处可达 120 至 150 米，整体呈葫芦状，场地内有一些鱼塘与灌溉水渠（见图 5.26）。

图 5.26　项目场地现状

图片来源：作者自制

3. 用地河岸线现状

河堤为混凝土硬质堤岸，以二十年一遇的防洪规格建造，河段堤防均是 1：1.5 坡面，岸线形态比较单一，无良好景观效果，北段水岸线有天然景石，体量较大，南段水岸线有宽阔的石板河滩（见图 5.27）。

图 5.27　河道防洪堤

图片来源：作者自制

4. 用地植被现状

项目场地内无需要保护的珍稀古树与大型乔木，整体土质肥沃，有大量卵石地基，场地内育有风杨、垂柳、芭蕉、樟树、毛竹等小型乔木和大量的芦苇、杂草类野生灌木丛，由于安宁河水流相对湍急，故未见水生植物（见图 5.28）。

图 5.28　场地植物

图片来源：作者自制

（三）总体规划

1. 设计理念

四川省德昌县安宁河滨水景观设计项目以安宁河畔天然的水资源为依托，将德昌县城富有历史民俗风情的凤凰文化与傈僳族文化融入景观方案的总体构图形式中，并结合现有优良的自然生态环境，力求将项目打造成一个具有文化底蕴、富有乡土人文、突显自然生态的市政公共滨河绿化带。滨河景观整体占地约 12 万平方米，全长约 18 公里，设计者详细查阅了相关规划规范，并多次到达项目现场进行实地考察，与当地政府相关部门进行商榷与研究，合理地将使用功能与设计形式相结合，并在主要景观节点上充分地展现了当地的民俗文化特色（见图 5.29～5.30）。

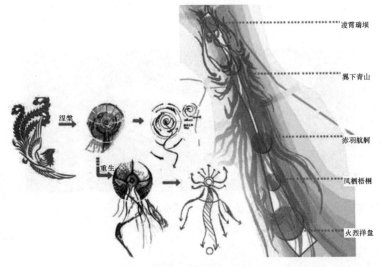

图 5.29　方案设计构思
图片来源：作者自制

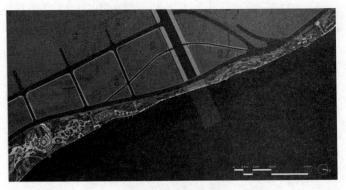

图 5.30　方案总平面
图片来源：作者自制

2. 规划布局

（1）主题分区

本项目在规划设计时充分考虑项目各河段的现状情况与周边环境，将整体项目用地分为五个功能区域，并引入凤凰文化的寓意名词进行命名，分别为火烈祥盘区、凤栖梧桐区、赤羽航舸区、翼下青山区、凌霄瑞坝区，使每个区域平添一份文化韵味。每个区域都

图 5.31　功能分区
图片来源：作者自制

被赋予了独特的功能布局，不同区域之间的功能又互有穿插，整体上通过一条贯穿整个项目的骑游绿道进行串联，形成了整体统一又各有特点的分区设计（见图5.31）。

（2）节点设置

景观节点设计的考虑是根据功能分区衍生而来，设计者在整体规划出五个功能分区后，在每个区域中都按照此分区的特色功能设计了一个主要景观节点与若干个次要景观节点，使整个项目的景观效果达到平衡统一，使人行走游憩在其中移步异景、流连忘返（见图5.32）。

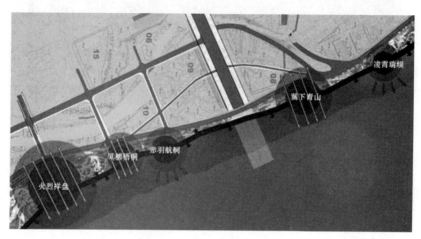

图5.32　景观节点设计图

图片来源：作者自制

（3）植物设计

本项目在进行软景植物设计时，充分调查考证了德昌县城当地的植物群落特征。德昌县城属于以亚热带高原季风为基带的立体气候，阳光充足，自然条件得天独厚。宽阔的河谷、二级阶地、基岩河岸，形成了安宁河独特的景观特色。用地内有荒地菜田、溪渠、鱼塘。以现有乡土野生自然式植物群落为主，场地内有风杨、垂柳、芭蕉、樟树、毛竹等小型乔木和大量的芦苇、杂草类野生灌木丛，河床驳岸未见亲水植物。

本项目以保留、改造、修复乡土植物为主，恢复原有的自然式植物群落，进行植物配置规划设计。西面用地与交通衔接界面，种植大乔木及灌木构成绿化隔离带。东面堤坝观景带种植垂柳、桂花树、银杏等姿态优美的乡土乔木作为主景树。广场及主要景观入口节点种植以树阵及规律灌木形成的公共仪式性较强的植物场景，此植物适宜采用通直、挺拔、质地硬朗的本地乔木，能充分烘托出场景的恢宏大气。滨水部分区域采取孤植当地名木古树，可适量点植皂荚、无患子、香樟等。在中心广场周边区域，以彩花灌木为基底，为中心广场增添节庆色彩。配合生态系统规划的雨水微型湿地，以木桩或卵石自然堆砌配合芦苇营造旱景，小型缓坡型自然生态石头小驳岸，可选择大部分的挺水植物如水葱、芦苇、美人蕉、伞草布置进行遮挡，在深水区布置荷花、睡莲、凤眼莲等水生植物。

整个植物规划设计方案让滨水公园绿意盎然，不同功能区域的不同植物搭配方式又强化了各个功能区域的个性特点。整体上选用当地乡土植物，既符合因地制宜的设计原则，又能体现德昌县城当地的地域文化特色（见图 5.33）。

图 5.33　软景植物设计图

图片来源：作者自制

（四）详细设计

1. "直接"的表现手法

"直接"的表现手法是指不运用艺术加工与转化，将当地民俗文化中的元素直白地呈现出来，让居民可以一目了然地感受到设计者想传达的信息。在本项目的具体设计中，主要在环境色彩、文化浮雕、主景雕塑上运用"直接"的表现手法。

土墙房、木楞房是德昌县城傈僳族传统民居建筑，这些民居建筑主要材料为原木、油毛毡、黄土砖，道路多为青石板与黄土路，色彩上整体呈现为黄色与灰色。在德昌县安宁河滨水景观项目中，设计者以这两种色彩为主要环境色彩基调，将其运用在主要的广场铺装、园区道路与景观构筑物上，体现出德昌县民俗文化的景观特点（见图 5.34）。

图 5.34　方案局部鸟瞰图

图片来源：作者自制

在景观雕塑小品的设计上，设计者更是充分地发掘当地的凤凰文化，在凤凰广场与滨河景观广场多个主要景观节点上，都精心设计了以凤凰文化为主题元素的景观雕塑小品。如在凤凰广场的中心位置，设计了一座高达 30 米的凤凰展翅地标性的大型雕塑，鲜明地展示了德昌县城的民俗文化（见 5.35）。

城市街道　　　祥盘广场　　　　　喷泉水池　　凤凰雕塑　　　　祥盘广场　　　滨河景观大道　滨河观景平台

河道

图 5.35　凤凰广场效果图及剖面图

图片来源：作者自制

在其他广场上，也设计了凤凰文化小品（见图 5.36），此景观小品设计在满足造型美观的前提下，将凤凰尾翼曲线的纹理融入雕塑设计中，充分体现了文化的传承，并且顶部为透光玻璃材质，使此景观小品下方成为了一个可遮风避雨的灰空间，丰富了公园广场空间的多样性。

"火凤朝阳"景观雕塑提取古代火凤凰"浴火重生""凤凰涅槃"的寓意，将凤凰造型进行几何分割与重组，形成了一个极具民俗文化特色的雕塑小品，增加了场地内的文化底蕴（见图5.37）。同时"火凤朝阳"也象征着德昌县城如凤凰涅槃一样重生绽放的美好愿景。

2. "抽象"的表现手法

"抽象"的表现手法是通过对当地民俗地域文化符号的提炼与整合，对其原有的形式进行简化或改变，以一种全新的方式呈现在居民面前。本项目在景观构筑物的形式、方案平面构成、服务功能设施上运用了"抽象"的表现手法来体现德昌县当地的凤凰文化与傈僳族文化。

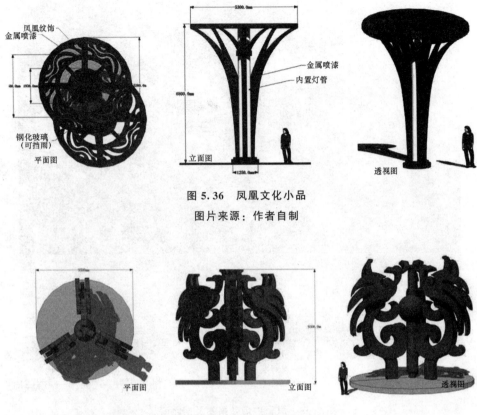

图 5.36 凤凰文化小品

图片来源：作者自制

图 5.37 "火凤朝阳"雕塑

图片来源：作者自制

在项目方案的整体规划与构成上，设计者在设计时充分考虑了当地的凤凰历史文化，提取"凤凰涅槃"的文化符号，利用抽象的表现方法，将凤凰的文化图形进行简化与重组，通过多条曲线构成的线条，使整个项目从平面视觉效果上犹如一只浴火重生、涅槃展翅的凤凰图腾（见图 5.38）。

图 5.38 "凤凰广场"平面

图片来源：作者自制

图 5.39 "赤羽航舸"眺望塔效果图

图片来源：作者自制

在景观构筑物的设计上，同样采用元素提炼、抽象表达的设计手法。安宁河贯穿德昌县城城区，自古以来县城居民便有泛舟河上、通商捕鱼的传统，这些传统是独特的自然环境和特定的历史空间相互结合共同产生的。设计师抓住以水而生的这一传统地域民俗特征，在项目滨河区域设计了"赤羽航舸"景观眺望塔（见图 5.39）。

在凤凰广场两侧的特色景观廊架的造型上，设计者运用解构重塑的表现手法，对传统廊架进行改变，融入凤凰尾翼流线的元素。整个廊架建造在一个具有一定高差的底座平台上，以凤凰主雕为中心呈盘旋而上之势。不仅表达了凤凰涅槃凌云直上的寓意，也给游人提供了一个视点极佳的眺望平台（见图 5.40）。

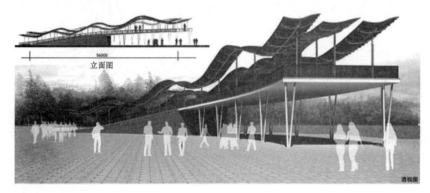

图 5.40　"赤羽航舸"眺望塔效果图

图片来源：作者自制

在项目功能设施的设计上，如园区指示系统，同样抽象的表现方法采用德昌县城凤凰文化元素的提炼，从设计造型与色彩选用上都采用与凤凰图腾相契合的设计手法来进行制作（见图 5.41）。

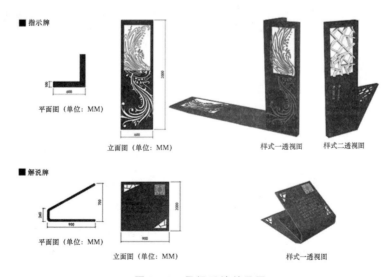

图 5.41　导视系统效果图

资料来源：作者自制

休闲座椅、灯具等功能服务设施，也同样采用相同的设计理念进行单项设计，在符合人体工程学角度，满足其基本使用功能的前提下，通过设计美学的相关表现手法将其设计成一个可观赏、可品味的艺术品（见图5.42）。使整个园区大到整体平面构图，小到功能服务设施在文化表述和设计手法上都形成一个整体统一的面貌。

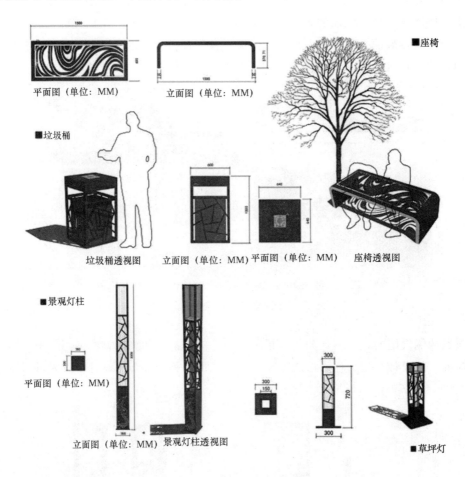

图 5.42　功能设施效果图

图片来源：作者自制

3. "模拟"的表现手法

"模拟"的表现手法主要是通过发掘当地历史发展中所保留下的一些传统的民族习俗与生活生产场景，并且对这些场景进行景观重现，形成具有历史文化特色的景观环境。在针对本项目所处的德昌县城的人文特色与地域文化进行研究后，设计者将当地具体传说故事、人物形象与生产生活场景转化成具有代表性的民俗图案，营造具有代表性的空间氛围。本项目在滨水船坞与傈僳族民俗风情广场的景观营造中运用了这种表现手法。

安宁河贯穿德昌县城。自古以来，德昌县的当地居民就有在安宁河畔泛舟捕鱼的生产生活习俗。随着时间与历史的流逝，现在的安宁河由于水利工程的修建与交通方式的转变，这种与水有关的渔家习俗只停留在当地老人的记忆中。设计者针对这一民俗特点，在景观滨河大道的节点上，设计了以渔船鱼竿为原型的意向渔家文化场景，并在亲水区再现了渔船捕鱼等民俗活动，让人们可以通过这些景观意向空间重温当地古老的民俗地域文化（见图5.43）。

图 5.43　滨水船坞效果图

资料来源：作者自制

三、案例三

以西昌邛海缸窑湾度假村景观设计为例（方案作者：柴晓钟、杨潇）。

（一）前期分析

1. 区位分析

本项目位于四川省西南部的历史文化名城西昌。西昌古称月城，是凉山彝族自治州的首府。邛海距西昌市中心7公里，水域面积约31平方公里，是四川省第二大淡水湖，邛海西临"川南胜景"泸山，其水质清澈，一碧千顷，形似蜗牛出壳，风景优美，自然资源优越。

2. 周边环境资源分析

项目地东临邛海，背靠泸山，地处邛海的黄金地段，周边旅游资源丰富，有特色餐厅、公园、博物馆以及寺庙等，地域特色浓厚，为本项目的建设提供了先决条件，周边酒店的优缺点为我们的设计提供了参考价值。

3. 场地现状分析

整个项目地地势较为平缓，河岸亲水性强，视野开阔，中部有部分梯田，牛羊等家畜在此栖息。现存植物形态较为丰富，堤岸植物以杨柳为主，平地以灌木居多，整体生态环境良好。该设计将保留较多的堤岸原生植物，而灌木较多地带也是地形较为丰富的区域，将保留少部分作为景观的设计（见图5.44）。

图 5.44 场地现状分析

图片来源：作者自制

4. 地块分块分析

A 区最大高差约 8 米（滨河至 108 国道旁），总体上地势较为平缓，高差 1～2 米，植被多为中小型乔木及杂草。B 区地势平坦，视野开阔，主体酒店安排在此区域。沿岸有大中型乔木和灌木，有市民在此聚集观湖。C 区多为焚烧后的田埂，牛羊等家畜栖息在此。地势高差从国道至驳岸处为 1～2 米。D 区视野开阔，植物繁茂，整体人工改造痕迹不大，多为自然地形，乔木繁茂，野花丛生，有居民在此垂钓捕虾（见图 5.45）。

图 5.45 地块分块分析

图片来源：作者自制

5. 场地坡向及沿湖地段特征分析

（1）地块坡向分析

A 区为缓坡廊道，可布置纵向景观内容，指向湖景。B 区为半山地，可利用地台分级组织空间类型。C区为山坡谷地坡地，由两侧坡地相夹形成连接，属于过渡地段。D区为山谷盆地，由三面坡地形成面湖下凹地段。

（2）沿湖地段特征分析

1区贝壳扇形地块为平缓景观段，有利于酒店的主景观及度假休闲活动的分布。2区小半岛地段为小丘坡地，伸向湖内的半岛特征有利于码头等湖上活动的分布。3区内海湾地段有向内湖弧线形成水域内延特征，宜安排较静态的休闲活动，如花园、展廊等。

（二）概念设计

彝族文化有着悠久的历史，既古老迷人又繁杂纷呈，蕴含了独具特色的民间艺术魅力，设计团队在调研过程中激发了对这片土地的探索与热爱，想将灿烂的彝族文化进行更好的传承与发展，于是便有了"讲述这片土地的故事"的设计理念。在邛海风光与彝族风情中提取元素融入设计当中，该项目设计理念的故事结构由时间、地点、人物组成，三要素要同时存在才能支撑起整个故事。

1. 时间要素

时间元素的应用主要是从再设计中将彝族的历史变迁表达出来。要基于对文化本质的理解，通过关联、恢复、再现等设计表现形式来唤醒人们对过去历史的回忆，激发当地人民浓浓的乡情。可以运用对传统场景的复原与演义、延续历史事件的设计手法。

2. 地点要素

地点元素的应用主要是通过重组场地肌理，将原基地中大量存在、分布极广的南北向沟渠作为场地构成的基本构图，以延续场地固有的肌理与特征，突出景观的可识别性。结合项目地的地形与地貌因地制宜，依地段及空间形态进行分区，注重形成各区段的景观主题与特征，避免景观的雷同。

3. 人物要素

基于对项目地居民的了解，在景观设计中体现当地人的习惯、风俗，表达当地人的精神面貌——乐观、好客、勇敢、充满希望和力量。试图创造出传达这种积极精神的景观，让人从中解读彝族人的性情。

将三元素融合后合理分布在项目的设计中，最终形成本项目的三条脉络——彝族彝情的时脉、生态系统的地脉、文化传承的人脉（见图5.46）。

在整个方案的平面布局中，根据地块环境特色和本地居

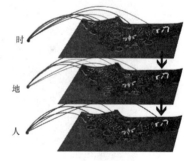

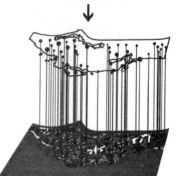

图5.46　三元素分布
图片来源：作者自制

民的活动情况把地块划分为两个区域、北边区域是当地人活动频繁且濒临邛海公园，因此划分为"动"区域，设置主要游乐项目和高热量运动场所；南边区域根据原自然风貌、动植物活动频繁划分为"静"区域，设计休闲活动景观以及低热量运动场所，同时设置动植物保护区域（见图5.47）。

图5.47 总平图

图片来源：作者自制

（三）方案设计

1. 度假村主入口形象区

酒店主入口处地势抬高、呈向上的缓坡，与酒店大门正面相对的是静与动结合的水体，静水池伫立彝族图腾的石柱以及民族风材质的景观柱。折形的石壁上以红黄两色进行装饰，绘制彝族特色的纹饰（见图5.48）。

图 5.48 度假村主入口形象区
图片来源：作者自制

2. 庭院式别墅区

彝家庭院沿袭当地民居的院落式空间，建筑造型上以白墙、坡屋顶、景窗为主，建筑材料遵循"就地取材"的原则，在局部设计中适当采用木结构，同时重视新材料与新技术的运用，充分实现生态环保的要求。原场地的堤岸边有栖息的牛羊等牲畜，设计后的场地里用金属材料制作牛羊以及彝族人的剪影放置在草坪中，亦是对原场地记忆的延续（见图5.49）。

图 5.49 庭院式别墅区
图片来源：作者自制

3. 海边礼堂

彝族民谣里常常将男性与女性分别比作太阳和月亮，这一现象反映了彝族人对月亮的崇拜，折射出彝族人对爱情的态度，于是在设计中把礼堂的功能定位为婚庆及集会的场所，建筑屋顶的木构

架装饰呈月牙形，用红色麻线缠绕至礼堂前的平台，以营造喜庆、神圣的氛围。（见图 5.50）

图 5.50　海边礼堂

图片来源：作者自制

4. 码头景观区

月亮这一元素已经成为西昌的一大特色，月牙形的码头定位为休闲与娱乐区域，提供游船、餐饮等娱乐项目，为人们提供与水无限亲近的可能（见图 5.51）。

图 5.51　码头景观区

图片来源：作者自制

四、案例四

以四川龙泉森林湾山林度假区景观规划设计为例（方案作者：田勇、赵亮）。

（一）基地分析

1. 区位分析

国内区位环境：成都，四川省省会城市。历史悠久，自古以来就享有"天府之国"的美誉。

省内区位环境：成都位于中国四川省中部，四川盆地西部，成都平原腹地，是四川省省会，中国副省级城市之一，地处成渝经济圈。成都是四川省政治、经济、文化中心，也是国家历史文化名城。成都是西南地区几乎所有大区机构、央企与外企区域总部所在地。

市级区位环境：本项目位于成都市龙泉驿区同安镇，龙泉驿区位于四川省成都市东部，地处龙泉山西侧的浅丘地带，是成都市正在实施的城市向东、向南发展的主体区域。区政府所在地龙泉街道距市中心 12.5 公里，距成都双流国际机场 28 公里，成渝铁路穿境而过，成昆铁路绕境而行，以驿都大道（老成渝路）、成龙大道、成洛大道为骨干的交通网络覆盖全境，现已开通 4 条对接成都市区的城市公交线路。

2. 地域旅游资源分析

成都旅游资源丰富，有着"世界优秀旅游目的地城市"的称号。其中龙泉驿区的名胜古迹驰名中外，境内有近二十万亩的水果种植和独特众多的自然风光。境内有一百多处历史文化遗址，其中明蜀王十座帝王（王妃）陵墓已列为国家重点文物保护单位。

3. 基地现状资源分析

山门寺水库地处龙泉驿区同安镇万家村，自然资源丰富，森林覆盖率高，自然陆地植物及水生植物丰富，是个天然的活氧吧。该水库位置在历史上没有湖泊，解放后为保证当地农业生产而由政府组织修建，形成现今的湖泊。在度假区的规划设计上以最大的限度将原有的自然生态林与人造景观融合，也可将度假区可持续地经营下去。本案因从人与环境之间的关系作为出发点，在设计中补充原有的不足，力求将人工和自然互补，达到一个生态上的平衡点。

4. 地形高差分析

该区域内最高点到最低点高差约 40 米，最高点 592.24 米，最低点 552.65 米。地形层次丰富，在地形平缓处设计建筑群落及广场人流集散点。在地形高差较大的地方，设立特色的山地景观及植物处理。

5．坡度分析

区域内高差最高为 50 米，在坡度小于 15％的地方设立人流聚集地及广场商业街等开放空间。在大于 25％的地方考虑建设部分道路及建筑和特色娱乐设施。在 25％～45％的地方要考虑竖向景观设计，在规划中设计一些具有特色的山地景观和游览方式，比如山地自行车，将交通立体化。大于 45％的地方设计一些刺激和充满趣味的景观空间，给人别具一新的体验，比如高山观景平台，可以很好地融入自然。

（二）方案设计

1．规划定位

规划愿景：

（1）让乐趣改变人的认识，让自然给予人们动力。

（2）原始山林、乐趣体验的度假社区。

2．度假区功能定位

（1）以山地特有的地形地貌、原生态森林、中心 200 亩湖泊等旅游资源为依托的旅游观光型及体验的山地度假区。

（2）以该区域所特有自然资源，开发所在城市的旅游度假新经济圈。以一种原生态的设计理念，以趣味为表现手法，组织和呈现给人们全新的度假方式。

（3）满足基本的商业功能，在酒店区设立滨水商业。满足各个功能区及景点的公共服务，创造一个时尚年轻的、多功能、多方面的度假方式。

（4）以特有的山地景观，开发特有的休闲度假形式以及各种以森林艺术为主题的展览馆。画作及艺术品、工艺品，还有各种以山林为主题的旅游商品，一起构建起系统的商业链条（见图 5.52）。

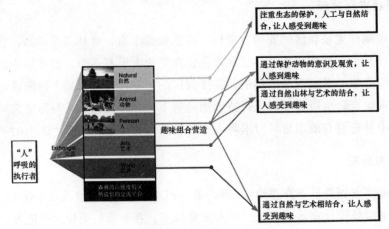

图 5.52　规划定位

图片来源：作者自制

3. 设计原则

（1）整体协调，特色突出

规划设计符合风景区的总体规划，围绕乐趣、自然、健康的主题，显现自然景观的特色，充分挖掘自然条件，结合"呼吸的趣味"这个设计理念，吸取众多异域元素与时尚元素，建造一部分极具特色的游玩区，并且加入当地的文化表演，形成一个极具游玩与观赏性的度假区。

（2）尊重自然

总体景观设计以自然结合人工且突出自然为主，以原有的森林、溪水、瀑布、峡谷为环境基质，结合一些少量的人工以保障自然资源的可持续利用。

（3）以人为本

度假区的设计充分考虑了游客的活动与心理感受，将不同区域的自然景观以不同的形式展现给游客，并且将湖泊景观也引入酒店及假日别墅区，满足了不同层次游客游玩的消费定位与心理需求。

（4）区内游览，区内住宿

在度假区内游览，可在度假区选酒店或别墅区住宿，另划定个区域范围在最大可能不影响自然景观的前提下设立会议酒店及招待，在这里住宿可以是周末游览过夜的游客也可以是举行会议的人员。别墅区属于假日别墅，统一归酒店管理。

4. 总体规划设计

从本项目的实地考察及分析，将该度假区定位为多功能山林度假区，在规划范围内有会议酒店、森林矿泉浴、森林游乐区、愿望岛、果岭推杆练习场、观景别墅、游艇游览以及桃花观赏河畔等（见图 5.53）。

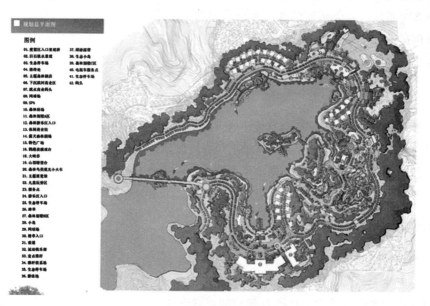

图 5.53 规划总平图

图片来源：作者自制

5. 特色功能分区

特色功能分区主要有以下六个部分（见图5.54）。

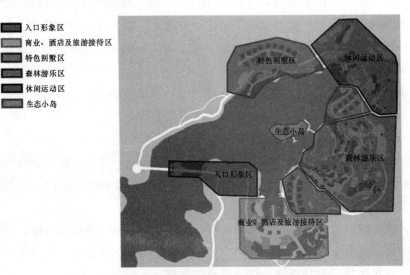

图5.54　特色功能分区
图片来源：作者自制

(1) 入口形象区——体现森林及当地文化特征。

(2) 商业、酒店及旅游接待区——规划范围内有酒店、滨水商业及行政管理与游客接待。

(3) 特色别墅区——观湖的临水别墅，景观尽收眼底。

(4) 森林游乐区——森岭湾的核心部分，建有大型游乐场。

(5) 休闲运动区——包含推杆练习场、滑草道、网球场等。

(6) 生态小岛——森岭湾的中心位置，瞭望塔是该区亮点。

6. 竖向设计

在山地景观的规划设计中，在原有地形地貌的基础上稍加修改，道路除了部分地方因高差过大而做出了调整，其余道路均在原有的基础上稍加修改，以体现山地景观道路的高差带来的视觉景观变化。在森林游乐区为了使中心湖水引入游乐区，选择了落差小、土石方开挖较少的地方动工，并且将挖方后的土回填到需要的地方，使景观更加丰富（见图5.55）。

7. 植物规划设计

(1) 植物规划原则

①保留原有生态林，兼顾各个分区进行规划。

②注重植物配置的多层次，达到自然化的配置方式。

③根据植物四季的变化，突出植物景观主题，安排适当的花香花色，突出自然野趣。

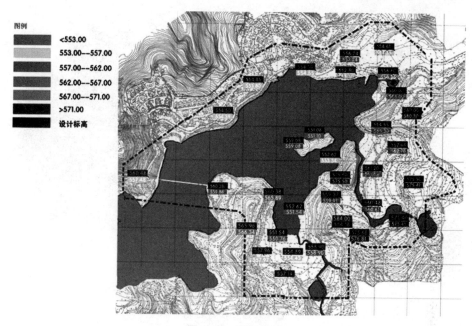

图 5.55　竖向设计
图片来源：作者自制

（2）植物规划设计

入口景观区：利用自然山体及植物，创造一个自然生态的度假区入口景观，运用银杏等景观性较强的落叶乔木来体现度假区生态自然的景观空间，并运用柳树、梧桐等乔木来加以配合。

森林游乐区：除了在利用和保护原有生态林的基础上营造趣味的气氛外，人工植物营造本着自然式的配置原则，采用如火炬树、元宝枫、合欢树等植物来营造，形成高低错落的植物群落，形成具有趣味性的森林游客空间。

运动休闲区：采用雪松、云杉等来突显山林的空间特色，以及采用少量的假槟榔等热带植物来突显运动区的高档与欢快的气氛。

（三）细部设计

（1）入口形象区是森岭湾度假区的重要窗口。该区包括景观桥和入口广场，是度假区对外的一个形象展示窗口（见图 5.56）。

（2）商业、酒店及旅游接待区是森岭湾度假区的轴心。该区包括商业街、餐馆、温泉酒店、码头和行政接待中心，给游客提供一个方便的环境（见图 5.57）。

图 5.56　入口形象区
图片来源：作者自制

图 5.57　商业、酒店及旅游接待区
图片来源：作者自制

　　（3）森林游乐区是森岭湾的核心部分。该区包括休闲餐饮街、露天森林剧场、大峡谷、主题展览馆、森林鸟类观光火车等大型娱乐项目（见图 5.58）。

图 5.58　森林游乐区

图片来源：作者自制

（4）特色别墅区分别位于森岭湾南部、东北部和北部 3 个区域。邻海独栋别墅产权是假日产权，归度假区统一管理（见图 5.59）。

（5）休闲运动区是森岭湾自然风光的一部分，提供一些室外活动设施，如山地高尔夫、滑草道、网球场（见图 5.60）。

图 5.59　特色别墅区

图片来源：作者自制

图 5.60　休闲运动区（俱乐部前透视）

图片来源：作者自制

第三节　总结

一、小结

当今世界掀起了城市发展建设的热潮，滨水区已逐步成为城市建设的热点区域。对于一个城市，滨水区往往可以成为体现这个城市经济发展、环境营造的名片。由于滨水区的快速发展，城市水体以及城市与水的关系问题越发突出，因此，城市滨水区将会成为城市景观规划设计的重点。

二、练习

（1）选择一处自己认为不完善或有问题的滨水景观规划设计进行调研分析，整理出其问题，并提出解决方案。

（2）选取一个具有一定代表性的城市滨水区进行景观设计。

第六章 庭院景观规划设计

第一节 庭院景观规划设计概述

人们生来亲近自然，对大自然的向往促进了当代景观规划设计的发展，庭院景观连接着自然与生活，它不仅仅是环境的绿化和点缀，更是人文情怀和审美意趣的寄托，是人们崇尚自然的一种渴望。随着物质生活的富足，人们愈加重视生活品质与自然环境，庭院景观设计要与时俱进、以小见大满足大众的精神需求，根据受众的不同喜好和功能偏向来确定整体风格，再从生态性、美观性和艺术性等多方面进行布局设计。庭院是室内空间到室外空间的延伸，也是建筑空间向景观空间的拓展，庭院景观设计不仅要与周围环境、景观协调融合，更要营造功能合理、环境优美可供休闲娱乐、康体健身的活动场所。同时，在现代社会中，庭院的功能与设计方式已经发生了很大的变化，必须要放在当下的生活方式语境下综合考量。

一、庭院的特征

（一）空间的延展性

庭院是串联建筑的延伸空间，拓展了户外的活动场地。庭院空间的延展性表现为两个方面：平面空间的场地延伸及立面空间的视域拓展。挣脱了建筑空间的限制，充分调动了空间的动线与高度，扩大了景观的深度和广度，使其规划设计呈现无限可能。

（二）环境的渗透性

庭院具有连接室内环境与室外环境，沟通人与自然的特点。庭院造景不仅要重视身处其中的组景之美，还要运用借景的手法，开辟室内赏景透视线，将庭院景观引入建筑中，使人即使身处室内也能观赏到庭院景观的雅韵和季相变化，促进建筑空间与庭院空间的相互渗透和有机融合。

（三）场所的私密性

庭院是户外休憩放松的场所，在规划时要确保私密性、营造安全感、创造放松舒适的环境，常常采用围墙、围栏或种隔离植物形成领域界限，明确使用者的领地范围，限制出入人员，让主人在庭院休闲时不被打扰，享受自己的静谧时光。

二、庭院景观规划设计原则

（一）因地制宜

庭院在景观规划之初，要充分了解原有的场地环境、土壤状况、水体植被、气候湿度等自然要素，对于原有的坡地、水畔、植被要适当保留和利用，采用灵活的表现手法，结合地方文化、建筑特色、使用者需求等，因地制宜制订设计方案，在造景时既要重视艺术性构建，也要顺应自然规律，力求达到"虽由人做，宛自天开"的自成天然之趣，创造出富有情调的庭院景观。

（二）功能得宜

庭院是具有休闲、娱乐、观赏等多重功能的场所，其景观规划要以人为本，多与使用者沟通交流，以使用者的功能要求、审美喜好、行为习惯作为设计的出发点，确定庭院风格、规划功能布局、组织景观小品、种植绿化植物，从而提高受众的体验感与满意度，在满足功能性需求的同时，也要体现出人文关怀。

（三）简约精致

庭院是在有限的空间里创造新天地，只要巧妙构思、合理布局，小院落也能拥有大格局。庭院景观可以运用的元素复杂多样，在规划设计时要有所取舍，制定好主题风格，遵循简约精致的原则，避免毫无目的的元素堆砌。简约并不意味着简单和缺乏深度的设计，而是将设计元素统一基调、连贯组合、自然过渡，如色调柔和的建筑材料与明艳丰富的铺装图案间的互相衬托，低矮灌木与高大树木之间的对比，动、静区域的划分等。庭院空间与人关系密切，考究细致的设计能增强空间的变化性与景观的趣味性，在细节中透露生活态度。

三、公共庭院的功能

（一）场所联络功能

庭院承担着辅助建筑室内空间的功能，主要负责营造室外休闲放松区域的生活情趣和放松氛围，是接触自然、休闲生活、娱乐社交的半私密场所，具有的一定私属感。私家庭院的景观营造更具有个性审美，体现了主人对品质生活的追求，是一种蕴含着深层次生活文化的场所。而公共庭院具有更多复合性功能，要考虑交通流线疏散、景观小品营造、公共设施配置等，公共庭院在促使空间更具流动性的同时，也对城市空间资源进行着完善和优化。

（二）生态调节功能

庭院半封闭的空间与纵横交错的廊道交通形成了一个相对独立的生态环境，具有一定的生态调节作用，使庭院拥有良好的空气微循环系统，对改善空气质量、调节温度、增加湿度起到了不错的效果。

（三）景观意境功能

庭院意境的营造要根据地域文化及受众需求组建景点，首先要在户外家具、铺装、装饰、材质、色彩、造型等选择上保持元素和谐与风格统一。遵循美学规律，将人工造景与自然美都浓缩到庭院中，汇聚为一幅幅生机盎然的画卷，让游赏者步移异景、触景生情，给人以视觉上美的享受，在心理上产生舒适与惬意，赋予庭院艺术意境的同时亦能感受到自然景观的情趣。

四、庭院景观规划设计要点及建议

营造一个美丽的庭院景观必须要做好规划设计。首先应根据环境条件、受众群体、养护能力等情况制订庭院风格。

（一）庭院风格的选择

庭院风格多样各具特点，其风格的确定多受建筑特征和使用者喜好的影响，可宽泛地概括为两大类型——规则式和自然式。庭院风格要与周边建筑和谐统一，故而常用方法便是根据建筑物的类型来确定庭院的大致风格，而建筑又根据文化和地域的差异，有着或中式或西式、或古典或现代、或理性或抽象的多样类型。庭院风格在规划之初便要在造型选择、材料运用、铺装设计、色彩搭配等方面尽量与建筑环境统一，达成视觉感官上的和谐。

（二）庭院排水与光照条件的影响

庭院的排水系统决定了日后的维护成本及使用体验，排水系统不畅易造成庭院被积水浸泡，破坏庭院植物和景观，严重时还会导致室内倒灌，造成较大的财产损失。庭院排水系统的设计要进行严谨的实地勘查，依照设计规范制定排水坡度，在地面铺装材质的选择上也要考虑结构和性能，预防暴雨造成庭院的地面塌陷和局部积水。庭院的光照、通风、土质等自然因素影响着景观植物的成活率及品相，根据庭院的气候条件、日照时间等因素，选择适宜的植物种类，在光照不足的遮阴环境，耐阴、喜阴的植株是种植首选，可创造出富有阴地花园特色的庭院景观。庭院可通过疏松土壤、混合改良、堆积肥料等方式改善土壤结构，提升土壤的透气性、排水性及肥力，为植物根部营造最佳的生长环境，为后期的庭院维护打下坚实的基础。

（三）尊重使用成员的爱好

庭院样式及布局要充分考虑受众组成及年龄结构，了解受众预期，把握受众心理，根据他们的喜好和使用需求加以选择。如使用者无暇养护花草，庭院功能应倾向于社交和娱乐，在规划时要预留充足的活动空间，再加以花木或宿根花卉等易生植物点缀，既满足绿化需求又降低养护成本；若使用者倾向于亲近自然并能对植物进行养护管理，在植物选择上便有更大的空间，可栽植些时令花草，营造生机盎然的景观环境，形成更具观赏性的花园庭院。

（四）庭院面积的影响

庭院面积的大小限制庭院风格的选择，小面积庭院受条件所限，植物配置可发挥的余地相对较小，需要提前规划好功能分区和细节表现，突出精致与小景。而面积较大的庭院可供选择的风格更为自由和多元，植物种类及组配方式也更为广泛，在设计时要注意避免冲突，重视风格整体的一致性。

（五）栽培知识与管理方法

庭院植株在选择时首先要注重植物对当地气候的耐受程度，挑选少虫害、易修剪、便于管理的速生植物，同时要全面考虑四季的绿化效果和景观呈现，根据植株自身的季节性及高度、外形、色彩、肌理等特征进行合理搭配，营造出四季分明、层次丰富、色彩缤纷的庭院景观。在栽培植物的经验之余，也要充分考虑后期的景观管理和维护成本，对于无法进行长期养护的庭院，栽种植株以花木和宿根花卉为主，对于有养护经验和时间的庭院，注重植株的成长习性和外形特征，将乔木、灌木地被、草本花卉进行立体搭配和群落种植，可营造出观赏性更强的景观花园。

第二节　案例分析

以桃园岛居·三岔湖回心院乐天景观规划设计为例（方案作者：杨潇、柴晓钟）。

一、项目背景

（一）地理位置

项目位于四川省简阳市新民乡环湖四路、三岔湖景区西岸。该地40公里交通圈覆盖资阳、简阳，90公里交通圈覆盖成都、眉山、乐山，120公里交通圈覆盖彭州、德阳、内江、自贡。距成都市中心46公里、简阳市30公里、资阳市40公里，有三条快速通道直达成都、简阳、资阳，分别是简阳二岔快速通道、资阳二岔快速通道、简阳市二岔湖旅游快速通道，交通发达、运输便利，具有得天独厚的地理区位和交通优势。

（二）上位分析

上位规划优势：位于成都"两极、一轴、一带、四区"的总体发展格局上。旅游资源：该区主体旅游资源有三岔湖、丹景山、人头石（象形山石）、三国遗址和传说、佛兴寺、千年银杏等，此项目的生态属性明显。

三岔湖板块东靠规划建设中的天府国际空港新城，是成都东进战略中的"核心战场""双轴一带、一港一核、六川六片"的区域空间布局，整体区域启动政府性重点投资建设项目101个，总投资超1700亿元。确立龙泉山东侧新城发展轴与天府新区拓展轴，围绕龙泉山、三岔湖构建生态景观带；依托成都天府国际航空港，在其西侧的绛溪河两岸，规划建设国际消费中心、商业商务中心、奥体中心和政务服务中心，构建新城极核，拥有国际性的品质地位

（三）水资源分析

从四川省内及其周边湖泊资源的开发条件来看，三岔湖水面积位居四川第二，岛屿数量则为四川第一，且离大城市区位条件最佳。"游岛""岛居"将成为项目地最具竞争力符号。

二、现状分析

（一）现状资源分析

三岔湖含27平方公里水域，湖岸线长达240公里，有大成都周边最丰富的湿地资源。并含160个半岛和近800个湾区，属湖泊型和山地型复合地区，与龙泉湖、龙泉山构成了两湖一山。区域内的植物种类较多，森林与农田相间分布，具有川西林盘景观。林盘是川西独有的村落形式，既是一种生产方式，也是一种生活方式，构成了成都平原特有的、在全国具有唯一性的川西风貌。

（二）周边现状分析

项目地位于三岔湖景区西岸鲜花小镇内，紧邻长岛洲际酒店。外部通运G4202国道，距高速口10分钟车程，环湖交通依靠现有已形成的环湖路，总长约30公里。离三岔湖游客服务中心约15分钟车程。总占地面帜约为9 717平方米，建筑占地面积约为2 595平方米，景观面积约为7 122平方米。

（三）现状高差分析

整个区域大体分为四个高差面，最高到最低有约10米高差，各个层面以台阶连接。优势：（1）丰富的高差形成了多种观景角度；（2）可利用高差设计多种特色景观使户外空间形成大跨度转换，达到移步异景的空间体验。劣势：各高差层连接方式单一，需设计多种连接方式来丰富景观层次（见图6.1）。

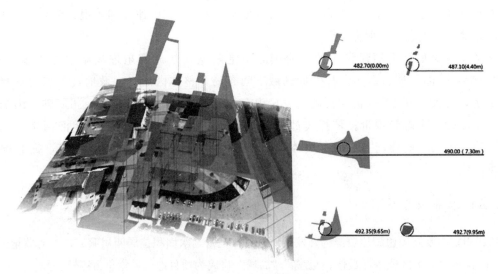

图 6.1 现状高差分析

图片来源：作者自制

（四）现状交通分析

优势：（1）车行道在基地外围可直达停车区；（2）主干道 7 米以上，平坦宽阔；（3）人行道可达性高，与车行道连接，人车分离有较好的安全性；（4）停车场距入口较近。

劣势：（1）车行道没再形成环路；（2）园区内无法通车（医疗、消防等紧急救助车辆可达性差）；（3）园内人行道没形成环路；（4）缺乏景观步道；（5）没有无障碍通道；（6）连接落客区与大堂通道有较高台阶。

策略：（1）设计特色景观步道，最大限度连通各个通道，丰富游览线路兼顾无障碍通道；（2）调整落客区与大堂位置，增强园区与游客的亲密性（见图 6.2）。

（五）现状空间分析

廊道：约 800 平方米，形成两面围合空间。廊道多为台阶，建议打造花卉景观体验区。客流集散区：面积约 1 000 平方米，未来承载人流集散、主体景观、户外休闲、公共艺术体验等功能，建议向坡地做平台扩大面积。入口形象区：现状景观状态良好，植物与水景相对完整。但对外道路拐角处与洲际酒店距离过近，无法形成主题形象展示和引导游客注意力的功能，缺乏迎宾气氛。建议更换位置重新打造或在现状基础上升级打造（见图 6.3～6.5）。

图 6.2 现状交通分析

图片来源：作者自制

图 6.3 廊道   图 6.4 客流集散区   图 6.5 入口形象区

图片来源：作者自制   图片来源：作者自制   图片来源：作者自制

    庭院：约350平方米，形成建筑内部围合空间，较为私密，室内可观赏的角度多，建议打造观赏型特色景观。坡地：坡底面积约2 500平方米，自内向外形成高差，坡度较陡。形成向外开敞空间，现状以景观植物为主，游客不可达，没有充分利用。建议将其打造为自然景观体验区，增加可达面积。台地：约2 000平方米，形成半围合空间，现状无特色景观。建议设计人工景观体验区打造复合型公共艺术体验空间、户外、餐饮、休闲空间（见图6.6～6.8）。

图 6.6　庭院

图片来源：作者自制

图 6.7　坡地

图片来源：作者自制

图 6.8　台地

图片来源：作者自制

三、景观概念设计

（一）主题定位

该项目主题为"桃源·岛居"，通过前期中国民俗市场分析发现在民宿中画境体验的主题较少，同时画境体验可以满足对方对艺术品质的较高要求，所以，从《桃源问津图》中提出了"桃源"的主题立意。"岛居"的主题由来主要从现状地形、游客心理以及周边商业环境等方面得出。

（1）现状地形：项目地与周边地势有明显高差，形成地势上的岛。

（2）游客心理：三岔湖以游岛为特色，并且具有独特竞争力。

（3）周边商业环境：项目被洲际、英迪格等传统酒店包围，形成经营环境上的"一座岛屿"。

以上几点均符合"岛居"的艺术形态（见图 6.9～6.11）。

图 6.9　现状地形

图片来源：作者自制

图 6.10　游岛

图片来源：作者自制

图 6.11　周边商业环境

图片来源：作者自制

（二）主题构思

（1）桃源："桃源"是古人对自然环境和生活方式的一种独特理解，希望逃离当下繁复的生活，前往内心憧憬的避世乐园，是一种无法到达的梦幻境界。在此项目方案的设计过程中，将画境、诗意表达的"桃源"情景通过设计手法在现实的项目中表现出来。

（2）岛居：古人对岛的理解为"海中往往有山可依止，曰岛"，不仅表达了被江河湖海包围的陆地称之为岛，又体现出人们对美好生态环境的向往。"岛居"一词恰好符合此项目基地和周边商业的现状，并且"岛居"的意境也可以使整个庭院景观呈现出独享、自由的独立氛围，更符合避世乐园的"桃源"主题。

（三）布局方法

此项目将运用在二维平面山水画中的"置陈布势""经营位置"等方法，巧妙地借鉴三维立体空间的中国庭院布局设计之中，通过对山水、花木以及建筑等要素进行合理营造，将项目的庭院空间打造成能够传达设计师思想理念的宜人空间。山水画是在二维平面里进行物象表达的视觉艺术，它表现了创作者的直觉感受和事物的直观形象。山水画的构图是表现作品的重要手段，通过构图可以将作品中的艺术语言合理地组织起来。

（四）项目布局

此项目布局是以《桃源问津图》的画卷构图作为基础进行规划设计。《桃源问津图》的作者是明代四家之一的文徵明，此绘画题材出自于东晋文人陶渊明，描绘了文人心中理想的隐居圣地。文徵明一生以"桃源"为题创作的作品共有七件，此幅是最后一作。整个画面构图可以分为三段场景（见图6.12），第一段描绘洞外山石林立、溪流婉转的神秘场景；第二段描绘初入桃花源场景空旷深远，田埂和湖水融为一体，形成一派清闲优雅的湖光仙境；第三段描绘竹林围绕的几户人家，表现了桃源人碰到来客后纯朴热情的生活状态。《桃源问津图》通过三个不同意境的空间转换串出了一个完整的故事流线。

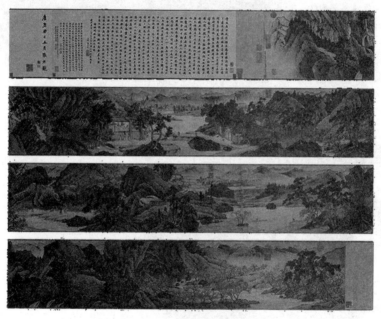

图 6.12　明文徵明《桃源问津图》
图片来源：作者自制

（五）总体规划设计

项目利用《桃源问津图》的意境转换，结合实际现状和功能需求，合理营造了景观空间、故事流线，表达出人们对桃源生活的向往（见图6.13）。将《桃源问津图》中的三段场景进行梳理，最终设计形成了六大景观分区（见图6.14），分别是密林寻岛、竹林觅岛、花谷垂钓、穿山入岛、桃源会友以及闻水登岛。同时，六大分区对应六种功能体验，分别是野趣休闲功能、小型聚会功能、特色景观通道、大堂入口形象、公共活动和儿童娱乐功能、园区入口形象。并且为这六个功能分区赋予了六种空间意境，从而具体来阐述《桃源问津图》中的主题故事。整个庭院通过不同方向的三个入口，形成了三条不同景观与主题的游览路线（见图6.15），增加了庭院景观的趣味性。

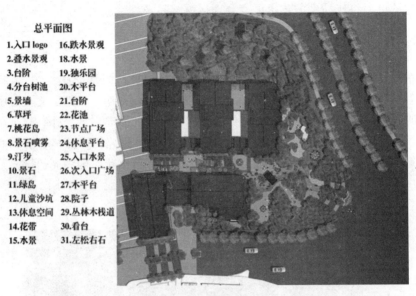

总平面图

1.入口 logo	16.跌水景观
2.叠水景观	18.水景
3.台阶	19.独乐园
4.分台树池	20.木平台
5.景墙	21.台阶
6.草坪	22.花池
7.桃花岛	23.节点广场
8.景石喷雾	24.休息平台
9.汀步	25.入口水景
10.景石	26.次入口广场
11.绿岛	27.木平台
12.儿童沙坑	28.院子
13.休息空间	29.丛林木栈道
14.花带	30.看台
15.水景	31.左松右石

图 6.13　总体规划设计

图片来源：作者自制

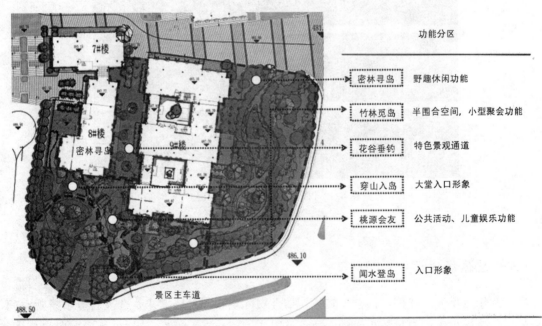

图 6.14　"桃源岛居"区功能分区图

图片来源：作者自制

主题流线

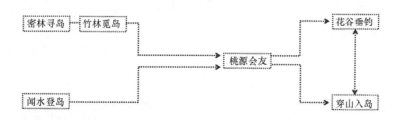

图 6.15 "桃源岛居"区主题流线图
图片来源：作者自制

四、景观分区设计

（一）闻水登岛区

1. 立意构思

在《桃源问津图》第二幅场景中描绘了进入桃源以后，可以听到潺潺的溪水声，溪水之间浮出大小不一的石块，随着溪水登岛而上，感受水的灵动，体会自然的宁静，形成了一幅隐逸其中、悠然自得的场景。设计师通过自己对绘画作品的观赏和理解，结合项目的实景情况形成设计的意境目标，然后通过对《桃源问津图》中的视觉元素提炼进行空间布景，以此营造"闻水登岛"区的画意景观。在此区域中，通过水系、布石、松树、桃树以及远眺的视角形成画卷中世外仙境般的景观体验。

元素提炼

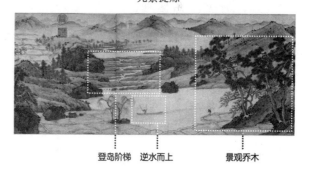

登岛阶梯 逆水而上 景观乔木

图 6.16 "闻水登岛"区元素提炼图
图片来源：作者自制

2. 元素提炼

针对《桃源问津图》中第二幅场景进行元素提炼，以用于入口景观的氛围营造。首先从画卷的视觉语言中提取出了梯田、植物、船只、石头以及溪流等元素（见图6.16），设计师将得到的画卷元素进行提炼、分析并抽象化处理，形成了叠水阶梯、高低错落的植物以及景观石等设计元素，并根据实际现状加以运用到主题景观之中，最终呈现出画卷中逆水而上，闻水登岛的画境（见图6.17）。

3. 元素运用

运用在《桃源问津图》中提炼的弧形形态对此区域的平面空间进行分割，通过不规则的水池层层叠压、互相交错，表现出画卷中蜿蜒的溪水。并通过大小分布增加空间纵深感，在水池中交错种植一些形态曲折的松柏类植物，呼应桃源主题。再挑选一些外形如山的石头，大小不一、疏密有序的构成画卷中山峰的形态。最后在顶部设置圆形喷雾器，烘托出"桃源仙境"的氛围（见图 6.18）。

图 6.17 "闻水登岛"区平面图
图片来源：作者自制

图 6.18 "闻水登岛"区入口示意图
图片来源：作者自制

（二）竹里觅岛区

1. 立意构思

在《桃源问津图》的第三段场景中描绘了这样一幅画面，在寻找桃源的过程中经过了一片竹林，竹林中隐约可以看见几户人家，路边几棵古树增添了整个场景的神秘感，画家运用场景空间的开合和竹林中的几户人家构成了一幅追溯源头、欣然向往的画面。设计师通过对此段绘画作品的视觉元素进行提炼，以此营造"竹里觅岛"区的画意景观。在此区域中，通过竹林、古树以及建筑的半遮半露来进行视线处理来引导游客进入中心广场区域。

2. 元素提炼

对《桃源问津图》的第二段场景进行元素提炼，以用于引导游客寻觅中心广场区的氛围营造。首先从画卷的视觉语言中提取出竹林、林中庭院、围合空间、绿岛等元素（见图 6.19），同时将提炼的元素进行分析并抽象化处理，根据现状情况加以运用到主题景观之中，最终形成竹里觅岛的画境（见图 6.20）。

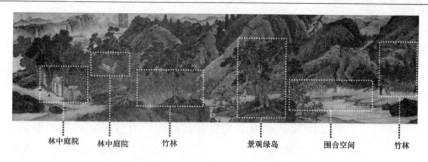

林中庭院　　林中庭院　　竹林　　　　景观绿岛　　围合空间　　竹林

图 6.19　"竹里觅岛"区元素提炼图

图片来源：作者自制

图 6.20　"竹里觅岛"区平面图

图片来源：作者自制

3. 元素运用

　　利用在《桃源问津图》中提炼的弧形形态对此区域的平面空间进行分割，通过不规则的绿岛竹林对现有庭院进行遮挡，表现出画卷中的神秘感。烘托出"竹里觅岛"的氛围（见图 6.21）。

图 6.21　"竹里觅岛"区效果图

图片来源：作者自制

（三）桃源会友

1. 立意构思

在《桃源问津图》的第二段场景中描绘了桃源村落中心有客来访，村民迎接宾客的一派热闹的景象。园区的中心区域以"桃源会友"为主题打造酒店的集散中心，体现酒店的迎宾氛围。

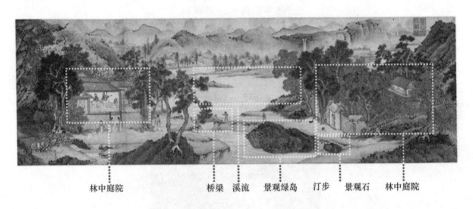

林中庭院　　桥梁　溪流　景观绿岛　汀步　景观石　林中庭院

图 6.22　"桃源会友"元素提炼图

图片来源：作者自制

2. 元素提炼

对《桃源问津图》中的"会友"段进行元素提炼，以用于主景观的氛围营造。首先从画卷的视觉语言中提取出林中庭院、桥梁、溪流、景观绿岛、汀步景观石等元素（见图 6.22），同时将提炼的元素进行分析并抽象化处理，根据现状情况加以运用到主题景观之中，最终形成"桃源会友"的画境（见图 6.23）。

图 6.23　"桃源会友"区效果图

图片来源：作者自制

3. 元素运用

运用从《桃源问津图》中提炼的元素形态对此区域的平面空间进行划分，通过设计桃花岛、桥梁、景观石、景观水景以及亲水河岸等景观元素打造"桃源会友"的热闹氛围。

五、趣味设计

以六大景观分区中的"花谷垂钓"区为例，进行分析说明。

该区域位于两栋建筑之间，并且有着7米高差的阶梯步道，两侧建筑与中间廊道形成狭长的半围合空间，有一种峡谷之势。此区域是户与户之间的主要通道，游客可以不断转换视角来观赏庭院景观，此区域也是整个庭院景观需要承载趣味体验的空间，可以打造一个拥有热闹气氛，同时又具有闲逸趣味的山谷景观。所以选择了吴门四家仇英的作品——《高士园艺图》。

（一）趣味提炼

《高士园艺图》这幅画描绘了一个高士在高处向下观赏溪边人们生活、玩乐的场景，通过水纹、花卉、人物等烘托溪水边的热闹氛围。高士在石台上的竹园之中，以卧姿休息，向人们展示了一种庭院中独乐的趣味体验（见图6.24）。通过对《高士园艺图》中内容的趣味进行提炼，设计师梳理总结出墙面跌水、景观亭等趣味元素。

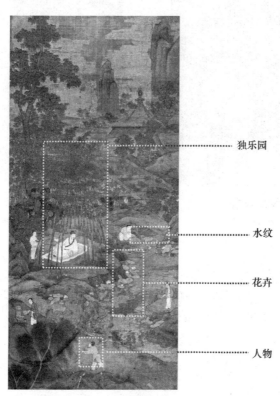

独乐园

水纹

花卉

人物

图6.24 "花谷垂钓"区元素提炼图

图片来源：作者自制

（二）趣味运用

在仇英《高士园艺图》中提取到了在庭院中独乐的趣味，通过解析仇英所画的独乐园而重新进行景观设计，让游客享受到不一样的独乐趣味。

该区域单独设计了一个悬空的观景亭，景观亭高低错落地放置于建筑的二、三楼（见图6.25），形成自上而下的观景视角，视角下就是游客穿梭的廊道。景观亭入口是与住户卧室单独连接的，是可以让住户单独享用的一个户外半私密空间。景观亭内部空间约2平方米，保证了住户在内部可站、可卧、可坐的空间尺寸。外部是用木质结构围合的弧形框架，住户可以透过框架看到景观亭之外的场景，同时景观亭的高度也保证了一定的私密性，更加体现仇英画卷中独乐的趣味（见图6.26）。

图 6.25　景观亭效果图

图片来源：作者自制

图 6.26　景观亭示意图

图片来源：作者自制

第三节　本章总结

一、小结

庭院景观规划设计是创造舒适的人居环境中不可缺少的重要部分，在设计时受到场地面积、建筑风格、自然环境、功能要求等多方面的制约和影响，要求遵从因地制宜、实用美观、功能得宜的设计原则，是一项复杂而又精细的工作。设计师不仅要具备跨时代、跨学科、跨专业的知识储备，还要具有新颖独特、推陈出新的设计思维，这就要求景观设计者要与时俱进，开拓创新。

二、练习

（1）根据庭院的不同风格，试着分析研究出每种风格主要的营造手法。

（2）在不同庭院风格中，选择一种风格进行景观规划设计。

第七章 乡村景观规划设计

第一节 乡村景观规划设计概述

一、乡村景观的内涵

乡村，是村民日常生活的聚居场所，并且各具特色的自然风光，区别于已被高度开发的城市空间，其周边的地理环境对乡村聚落的建筑风格有着极大影响，不同地区的乡村有着千姿百态、风格迥异的地域特色，乡村景观是乡村地区范围内历史文化、社会风俗、经济面貌、自然生态等多方面的综合表现。

乡村景观风貌的营造是乡村旅游开发和吸引游客的重要因素，既要保留原有的自然山水地貌特征，又要强化农耕文化的田园特质，让其与原始的自然山水风光和现代都市有明显的区分，在规划设计时要充分考虑村落所在区域的地貌、气候、植被等自然环境因素，让乡村景观成为装饰村落和美化生活环境的闪光亮点。同时，地域文化和风俗习惯也是乡村宝贵的人文财富，承载着乡村的历史沿革和民风习俗的发展演变。在旅游开发时，亦要充分提炼乡村的社会人文元素，重视乡村地方文化的保护和传承，创造出一村一品各具特色的乡村形象，让当地村民及外来游客都能对当地民俗与田园生活产生联想和情感共鸣。

二、乡村景观发展特点

（一）地域性

由于不同地区的乡村在各自发展历程中所处的文化不同，无论是居民在所居住地区的环境特性下慢慢养成的生活方式，还是乡村自身的景观风貌，都随着时代的发展历程逐渐呈现出地域特征，因此，景观规划设计师应当以当地地域特色来打造乡村景观。

（二）生产性

乡村景观的打造与当地居民的生产有着密不可分的关系。在追求景观打造时，也要保障当地居民的生活生产质量，主要表现在景观的变化与属性的变化两个方面。只有当景观真正符合人们的生活需求时，才能体现出景观的独特之美。

（三）生态性、审美性

乡村景观的自然特性尤为突出，并且自身还具有丰富的生态特性。在实际打造的过程中，乡村景观对我国可持续发展理念有极大的促进作用。这样就能在保护自然的情况下进一步美化乡村的环境，以此提升自身的生态特性。而其审美性就是在实际的打造过程中景观的美观化逐渐得到重视，不管是自然的发展还是人工进行的雕刻与修改都有一定的审美特性的发展趋向。

（四）文化与历史的体现

乡村景观的塑造不是一蹴而就的，而是在历史的不断发展情况下逐渐形成。因此，乡村景观蕴含着丰富的历史文化，可以从乡村景观的独特性挖掘该区域的历史文化进程，由此也可知晓乡村景观与地区历史文化之间的关系。

三、乡村景观规划设计的基本原则

（一）保护生态环境

我国乡村聚落分布广泛，主要处于丘陵、平原以及盆地等区域，拥有着充足的自然生态资源。在现代社会的发展进程中，由于只追求经济的迅速发展，相关负责人不顾乡村原本的自然生态环境，在乡村大肆发展重工业，导致土地退化等自然灾害频繁发生，严重破坏了生态环境，原始的乡村生活被打破，让乡村的诸多方面受到了损害。因此，设计师应当运用科学的景观规划设计理念，尊重自然生态环境的发展规律，合理规划乡村景观，以此建立一个生态健康、科学发展、环境优美的乡村景观空间。

（二）尊重乡村特色

在乡村发展的过程中，那些经历了时间沉淀下来的历史文化、风俗传统、民族风情以及地貌环境等，成为了当地乡村的特色，这些本土特色是当地独有的"本土语言"，对乡村经济的复苏和可持续发展意义重大。乡村特色主要以文化为主，从古朴的民风、民情以及民俗为辅，比如历史建筑、民族节庆等。景观设计师需充分挖掘乡村地域文化特色，丰富景观设计的历史文化底蕴，使乡村景观能够延续当地文化，有效地发展乡村文化旅游的潜力，为乡村的振兴助力。

（三）促进乡村发展

随着时间的推移，乡村环境的发展会因为意识、文化、技术以及经济等方面的限制而发生变化，注重开展开发性的产业，如围湖造田、坡地开荒等，对乡村资源和环境造成了破坏，严重地制约了乡村的健康发展。因此，设计师要进行认真调研，全面了解乡村各方面的情况，合理利用资源，构建科学的环境体系，是景观设计师在规划设计中必须注意和完善的地方。要做到既要考虑方案的落地实施，又要遵循科学发展的原则，才能对乡村环境的发展做到统筹规划。

（四）满足居民需求

乡村景观设计归根结底是为乡村精神文明建设服务的。因此，景观设计师更应该注重当地居民的内心感受，从居民的心理需求出发，维护居民心中向往的景观脉络和文化活动，并以此作为景观设计的出发点，通过现代的设计理念，尊重当地地域文化特色，营造出符合当地居民的生产、生活以及生态空间。这样既尊重当地居民的生活习惯，又延续了乡村地域特色的景观规划设计，才是真正满足居民的需求，真正符合乡村建设与发展的景观空间。

四、未来乡村景观规划设计思路

（一）生态宜居型

乡村居住型景观已成为乡村景观的主要模式，这就要求在乡村规划设计的过程中注重生态宜居性，将生态和居住两个要素有机结合。在开展乡村景观设计工作时，需根据乡村发展实况科学合理地进行，才能进一步确保乡村景观的生态环境宜居性。设计人员在设计生态宜居性乡村景观的过程中，不仅需要充分了解当地的地形地貌与自然资源，对区域开展科学合理的布局，还需结合当地人们的生产生活需求来完善居住景观的功能，从而切实提升当地居民的生活质量。

（二）休闲观光型

乡村旅游景观模式的发展极大地提升了乡村经济。乡村旅游景观模式内容丰富，包含垂钓、蔬果采摘以及观光体验等项目，不仅让乡村资源得到充分的利用，也为人们提供了众多的休闲活动，满足人们的休闲需求。在打造休闲观光型乡村旅游景观的过程中，需做好景观区域的功能分区，将生产区、服务区、游览区等合理地分布，完善景观功能。同时需注重基础设施建设和保护乡村历史文化，使人们在参加休闲观光项目时能够有强烈的文化体验。

（三）村镇社区服务型

村镇社区服务型模式是将乡村与城镇两者融合，使乡村居住景观具备了城镇的便捷性，为当地人们带来了便捷的生活方式和生活空间，同时也更有利于管理，此模式是乡村居住景观的重要体现。在村镇社区服务型模式的规划中，乡村生态环境与地方文化特色的保护工作不可忽视，并需在此基础上合理配置乡村资源，使得乡村景观具备更高的地区适应性。

第二节　案例分析

一、案例一

以成都市新都区木兰镇川音艺谷乡村旅游景观规划设计为例（方案作者：范颖、胡旻）。

（一）前期分析

1. 项目区位

木兰镇为新都区的下辖镇，属成都市规划控制区，常住人口约为4.5万。一期和二期毗邻木兰镇城市规划西侧边界，临绕城绿道，是距离木兰镇城镇中心最近的田园村落。项目地的建设为木兰镇居民提供了近距离可达的田园休闲生活的场所。一期和二期紧邻成都市主城区东北边界，处于成华区与新都区交界处，紧邻绕城高速和成金青快速路。一期和二期地处新都区东南侧，距新都主城区距离约为7千米，属于新都离主城区最近的自然林盘村落组团之一。

2. 土地性质

根据新都区木兰镇土地利用总体规划（2006—2020年），一期：总体红线475亩，主要以基本农田为主。二期：总体红线1778亩，主要以基本农田为主，其中集体建设用地280亩，林盘共计48个（见图7.1）。

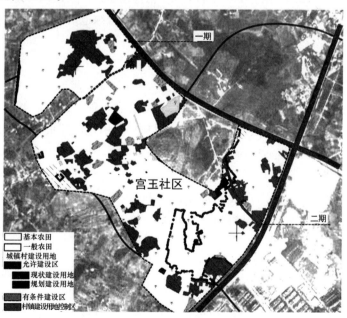

图 7.1　土地性质

图片来源：作者自制

3. 交通分析

（1）车行交通——外部通达

一期和二期紧邻绕城高速，通过青白江快速通道，可实现主城区 30 分钟内到达项目位置。沿二绕、成都市周边区县（龙泉驿区、温江区、郫都区、双流、金堂），可实现 60 分钟到达。

新都区主城区及周边人群 69 万，车行 0.5 小时内可达，预计园区停留 3 小时内。成都五城区及周边区县人群 760 万，车行 1 小时内可达，预计园区停留 1 天内。环成都二绕城市人群 1633 万，车行 1.5 小时内可达，预计园区停留 1 天以上（见图 7.2）。

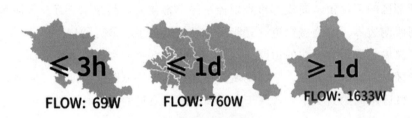

图 7.2 交通分析
图片来源：作者自制

（2）慢行交通——天府绿道系统解读

一期和二期位于天府绿道天府盛景段中段，环城生态带的六库八区中的北湖水生作物区北侧。项目慢行系统应充分考虑与绿道规划的接合，在风貌上应符合绿道系统的相关定位。

3. 资源分析

（1）艺术教育资源

一期和二期用地距四川音乐学院约 6 千米，交通便利，能够很好的整合四川音乐学院的师资资源，打造艺术家创作交流生活的聚居地。一期和二期用地的建成也能为周边的艺术学校提供艺术交流的平台和艺术创作的场所（见图 7.3）。

（2）历史文化资源

一期和二期主要是由客家人迁徙而形成的乡村聚落，百年来一直传承着客家人的语言文化。客家人一共经历了六次大规模的迁徙，最终在四川形成稳定的客家居民聚居地（见图 7.4）。

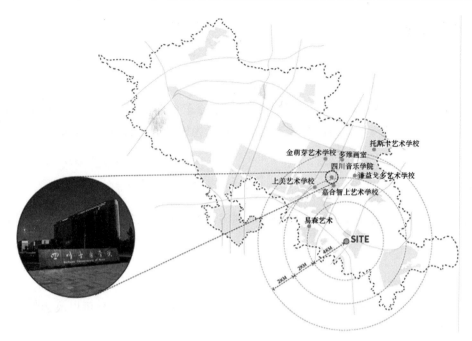

图 7.3 艺术教育资源

图片来源：作者自制

| 第一次迁移：西晋后期 | 第二次迁移：东晋时期 | 第三次迁移：隋唐-北宋 | 第四次迁移：北宋-明末 |

① 西晋后期的内乱导致"五胡乱华"，形成中原汉人的第一次南迁，部分汉民成为客家人的来源。

② 东晋政府给南下的汉民种种的优惠待遇。东晋政府的号召再加上感情上对汉族王朝的偏随，这都促使汉民大规模的南下。

③ 黄巢起义，这促使客家先民迁移到闽西南等地。这次的迁徙，其远者已达惠、嘉、韶等地，其近者则达福建宁化、长汀、上杭、永定等，其更近者，则在赣东南各地。

④ 北宋王室南逃临安重建南宋，大批汉人纷纷南下，南下的外来户超过了原本的土著人。在这一时期的汉人南下，在赣南粤边区定居的成为了现在的客家人。

此后客家族真正的在四川稳定下来，形成了现在的客家居民聚居地。

| 第六次迁移：乾隆-清末 | 第五次迁移：明末清初 |

⑥ 大量的客家人从四川外迁至珠江三角洲山区、广西、湖南山区以及港澳宝安沿海地区。

⑤ 湖广填四川措施的需要，清政府鼓励南方人向台湾、四川等地迁移，客家人纷纷前往。

图 7.4 客家族迁移史

图片来源：作者自制

（二）场地资源分析

1. 交通

项目场地内乡村道路宽 3～6 米，材质为水泥，具备通车条件，但未形成完整环线。后期根据规划需要进行补充，成为场地内部车行景观道。现状为机耕道与田埂路，后期可打造成不同等级的慢行游步道。

2. 水资源

场地内水资源多为功能性灌溉渠，后期根据规划需求可对水渠风貌进行提升，形成景观水系网络。

3. 村落

项目区域内的建筑为传统林盘布局，后期可对风貌进行整体提升，部分可以改造为公共服务建筑与经营性建筑。

4. 植被

场地内植被情况多为农田，后期种植风貌上应尊重现状农田基底；村落建筑周边有自然林，成点状分布，相互未形成廊道，不利于区域生物的多样性。

（三）空间规划策略

1. 艺术乡村

依托林盘田园生态景观，以艺术点亮乡村，打造集艺术培训、自然教育、田园休闲于一体的生态艺术教育培训聚落。

2. 田园文旅

依托客家民俗文化，打造以田园度假、文化体验为核心的集吃、住、行、游、购、娱为一体的田园休闲旅游目的地（见图 7.5～7.6）。

（四）分区设计

（1）田园文旅度假区——都市田园乐活区（见图 7.7）；田园市集效果图、多彩花田效果图、林间茶馆效果图、活力广场效果图、驿站效果图（见图 7.8～7.12）。

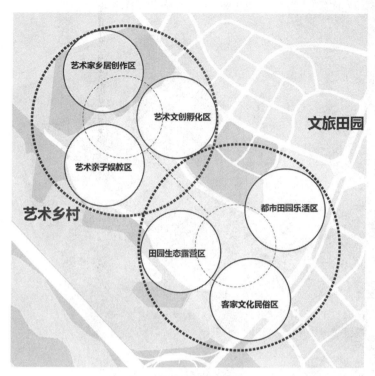

图 7.5　空间结构规划

图片来源：作者自制

图 7.6　主题分区图

图片来源：作者自制

图 7.7 都市田园乐活区平面图
图片来源：作者自制

图 7.8 效果图——田园市集
图片来源：作者自制

图 7.9 效果图——多彩花田
图片来源：作者自制

图 7.10 效果图——林间茶馆
图片来源：作者自制

图 7.11 效果图——活力广场
图片来源：作者自制

（2）田园文旅度假区——客家文化民俗区（见图
7.13）；露天剧场效果图、阳光草坪效果图、客家民俗
街效果图、滨水绿道效果图、田园绿道效果图（见图
7.14~7.18）。

图 7.12 效果图——驿站
图片来源：作者自制

图 7.13 客家文化民俗区平面图
图片来源：作者自制

图 7.14 效果图——露天剧场

图片来源：作者自制

图 7.15 效果图——阳光草坪

图片来源：作者自制

图 7.16 效果图——客家民俗街

图片来源：作者自制

图 7.17 效果图——滨水绿道

图片来源：作者自制

图 7.18 效果图——田园绿道

图片来源：作者自制

图 7.19 田园生态露营区平面图

图片来源：作者自制

（3）田园文旅度假区——田园生态露营区（见图 7.19）；生态游泳池效果图、垂钓鱼塘效果图、房车营地效果图、亲水栈道效果图、森林木屋效果图（见图 7.20～7.24）。

图 7.20　效果图——生态游泳池

图片来源：作者自制

图 7.21　效果图——垂钓鱼塘

图片来源：作者自制

图 7.22　效果图——房车营地

图片来源：作者自制

图 7.23　效果图——亲水栈道

图片来源：作者自制

图 7.24　效果图—森林木屋

图片来源：作者自制

（4）艺术乡村主题区——艺术亲子娱教区（见图 7.25）；亲子民宿效果图、绿乐园效果图（见图 7.26～7.28）。

图 7.25　艺术亲子娱教区平面图

图片来源：作者自制

图 7.26　效果图——亲子民宿

图片来源：作者自制

图 7.27　效果图——绿乐园 1

图片来源：作者自制

图 7.28 效果图——绿乐园 2

图片来源：作者自制

（五）专项设计

1. 景观驳岸

（1）乡土水生植物结合卵石滩驳岸

结合现状河边卵石滩，清除垃圾、杂草，栽种成片当地乡土水生、湿生植物（见图 7.29）。

乡土水生植物结合卵石滩驳岸

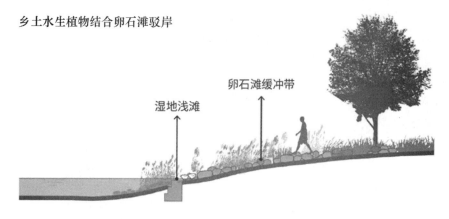

图 7.29 乡土水生植物结合卵石摊驳岸

图片来源：作者自制

（2）骑行路堤结合湿地漫滩驳岸

结合已有路堤打造骑行路线，保留两侧自然种植的行道树，丰富陡坡和临水漫滩的地被植物，形成具有特色的骑行段（见图 7.30）。

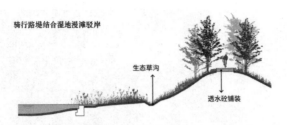

图 7.30　骑行路堤结合湿地漫滩驳岸

图片来源：作者自制

（3）湿地花田段驳岸

沿现状湖周边，利用大片漫滩种植湿地水生植物，以色彩丰富的花卉为主，打造花田驳岸，能对两岸的场地内林盘的生活用水起到净化作用（见图 7.31）。

图 7.31　湿地花田段驳岸

图片来源：作者自制

（4）自然缓坡驳岸

对自然缓坡驳岸做适当梳理，丰富乔灌草及水生植物的搭配，形成富有层次的自然水岸空间（见图 7.32）。

图 7.32　自然缓坡驳岸

图片来源：作者自制

2. 植物

（1）坡岸植物配置

在坡岸种植植株，可利用植物根系对坡岸土壤进行稳固，防止长期雨水冲刷后带来的土壤流失，同时也通过不同习性植株的栽种搭配，使其在一年的各个季节中都有可观赏的自然景观。考虑各种因素，该项目在下岸坡区种植挺水植物香蒲、芦苇；上岸坡种植湿生植物香根草和风车草。这些植物在浅水湿地、水中或陆地上均可生长，易于后期的维护管理，形成有效的环湖生态过滤带，对地表流入的雨水产生净化的作用，同时还能从水体中带出大量氮、磷等微量元素，阻拦、吸收和转化部分有机质及营养盐，抑制藻类等浮游生物的繁殖，从而防止湖泊水体的富营养化，有效达到水体自净、美观绿化和生态护坡的效果（见图7.33）。

（2）景观水体水深梯度设计

在景观水体的植被主体选择上，建议栽种生态适应性强且具有观赏价值的沉水植物，沉水植物在降低水体浑浊、净化水质、维持清水稳态中具有积极作用。然而，由于沉水植物在造景方面有所限制，因此还需要结合挺水和浮叶植被进行景观配置。

图7.33 坡岸植物意向图
图片来源：作者自制

（3）景观水体水生植物的选择与配置

建议将本土水生植物的种植基地建立在目前生长环境比较优越的天然湖泊之中，以维持水体水生植物的恢复重建工程。

二、案例二

以木兰川音艺谷一期——叶家大院景观规划设计为例（方案作者：王润强、赵亮）。

（一）项目的前期研究

1. 区位分析

叶家老院子位于新都区南侧，距离新都客运站1万米。叶家大院地处木兰街木兰路，周围有新都区木兰镇红石小学、白鹤林立交、木兰生态园、五龙山公园、成都绕城高速等，地理位置优越。

2. 交通分析

新都区位优势显著，是成都北部的交通枢纽，新都到成都仅需要40分钟。它拥有四川最大的现代公路物流港，开通了到达国内 130 个城市的 240 余条公路货运专线，距蓉欧班列始发站仅 20 分钟车程。成绵乐城际铁路、"七纵十一横"主干道纵贯南北，成都的两条绕城高速横穿东西。规划建设中有 4 条地铁线路直达新都城区，另有一条线路将延伸至轨道交通产业园所在的石板滩镇。

3. 场地现状分析

（1）现有建筑现状分析

叶家大院现有的建筑可分为砖混结构、框架结构、混泥土三种建筑结构。建筑以自建房屋加川西民居混搭而成，缺乏统一的建筑风格。后期改造的过程中需解决这一问题（见图 7.34）。

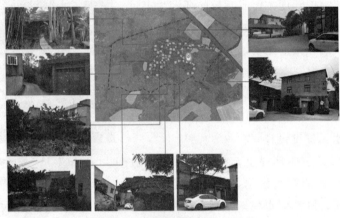

图 7.34　现有建筑现状分析

图片来源：作者自制

（2）现有外部环路现状分析

叶家大院现有的外部环路由水泥路面和驳岸汀步连接而成。道路两边绿化环境优良，但缺乏照明系统，多数路段都没有路灯。整体路网尚未形成系统，外部环线道路并不明显（见图 7.35）。

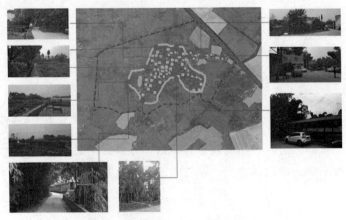

图 7.35　现有外部环路现状分析

图片来源：作者自制

（3）现有内部巷道现状分析

叶家大院内部巷道基础设计较为完善，村内大部分住户通道为水泥路面，且部分路段可单向通车。路边绿化缺乏有效的规划和管理，组团较为零散。部分巷道还处于施工改建阶段（见图 7.36）。

图 7.36 现有内部巷道现状分析

图片来源：作者自制

4. 场地现状设施分析

（1）现有服务设施现状分析

叶家大院的服务设施较为齐全，如休闲广场、公共健身器材、休闲座椅、垃圾分类回收点、简易亲水平台等（见图 7.37）。

图 7.37 现有服务实施现状分析

图片来源：作者自制

（2）现有基础设施现状分析

叶家大院有着较为良好的基础设施条件，如伴水渠、下水道、自来水、沼气池等。为后期的统一改造提供了较好的基础设施的保障和支撑（见图 7.38）。

图 7.38 现有基础设施现状分析

图片来源：作者自制

（3）现有环境景观现状分析

叶家大院的绿化环境较为优良，但道路两旁的绿化不成体系，缺乏有效的管理；部分绿地荒废或被开垦为菜地，影响整体景观效果；现有水系及入口景观未做充分利用；叶家大院整体绿地景观不成系统，缺乏统一有效的规划（见图 7.39）。

图 7.39 现有环境景观现状分析

图片来源：作者自制

（二）设计思路

1. 乡村景观的内涵

从地域范围：泛指城市以外的景观，包括了城郊、乡村以及原生地貌等景观。

从景观构成：包括了乡村聚落、农耕田园、民俗文化、自然环境等元素构成的景观。

从景观特征：虽然是人为景观与自然景观的综合体，但自然景观占主体，景观的属性主要为自然属性，人为干扰程度较低，农业景观和田园化的生活方式是最大的特征。

2. 设计目标

通过环境改造、艺术（景观）植入、功能创新、故事书写来创新乡村面貌，提升环境品质与品味，创新交流的主题与环境基础，为村落注入活力和生气，使叶家大院成为一个富有"诗意、活力、交流"、"可居、可赏、可游"的乡村聚落。

（三）方案设计

1. 景观总平面图

在景观总平面图（见图7.40）中分布了以下景观节点级设施（见图7.41）：（1）入口景观；（2）精神构筑物；（3）鱼塘；（4）停车场；（5）跨路装置景观；（6）林盘栈道；（7）鱼塘廊架；（8）溪水步道；（9）聚落空间；（10）湿地景观；（11）农田观景栈道；（12）水上舞台；（13）农田看台；（14）竹林艺巷；（15）林中云坐景观；（16）农田装置艺术Ⅰ；（17）农田装置艺术Ⅱ；（18）艺术小院；（19）停车场；（20）大地艺术景观；（21）艺术村头印象。

图 7.40　景观总平面图

图片来源：作者自制

图 7.41　景观总平图索引
图片来源：作者自制

2. "竹"概念的运用

竹子用途众多，在本次规划设计中，以竹林作为行道树种，形成竹的观赏性大环境。同时，挖掘竹的其他众多用途，运用于景观规划设计之中。将景观中的服务设施、小品设施、构筑物等与竹元素充分融合，挖掘提炼出纯粹的竹语言来进行引导设计（见图 7.42）。在本项目中将竹元素运用在了"竹艺""竹禅""竹亭""竹廊""竹屏""竹趣""竹舞"等景观节点、景观小品以及景观设施当中（见图 7.43）。

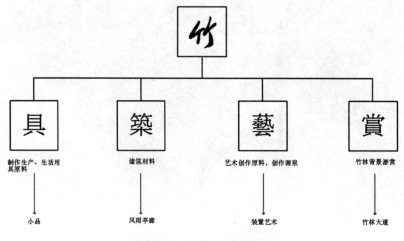

图 7.42　"竹"的概念演变
图片来源：作者自制

图 7.43 竹元素的分布

图片来源：作者自制

（1）竹艺效果图（见图 7.44）。

（2）竹禅效果图（见图 7.45～7.46）。

（3）竹廊效果图（见图 7.47）。

（4）竹屏效果图（见图 7.48）。

（5）竹亭效果图（见图 7.49～7.50）。

（6）竹趣效果图（见图 7.51）。

（7）竹舞效果图（见图 7.52）。

图 7.44 效果图——竹艺

图片来源：作者自制

图 7.45 效果图——竹禅 1

图片来源：作者自制

图 7.46 效果图——竹禅 2

图片来源：作者自制

图 7.47 效果图——竹廊

图片来源：作者自制

图 7.48 效果图——竹屏

图片来源：作者自制

图 7.49 效果图——竹亭 1

图片来源：作者自制

图 7.50 效果图——竹亭 2

图片来源：作者自制

图 7.51 效果图——竹趣

图片来源：作者自制

图 7.52 效果图——竹舞

图片来源：作者自制

3. 景观小品

（1）整体造型设计采用具有乡村文化的传统元素进行现代表述，以具有代表性的老旧石磨、青砖灰瓦、泡菜坛子等乡土元素与自然山石相结合，并用现代构成的设计方法进行景观小品打造，形成现代审美情趣的景观，营造具有现代美感的乡愁文化、乡村符号等情景，坛子里可种植垂吊类植物或者攀爬类植物，具有灵动生气的美，与乡村周边自然景观呼应融合（见图7.53）。